図解 よくわかる

ブルーベリー栽培

品種・結実管理・良果多収

Tamada Takato *Fukuda Toshi*
玉田孝人 福田 俊

創森社

開花時の園地

良果多収のブルーベリー栽培を志す方々に～序に代えて～

日本のブルーベリー生産と果実消費は、21世紀になっても発展を続け、全国の栽培面積が1100ha（2012年）を超え、ついに特産果樹のトップの座に辿り着きました。

このような発展は、栽培的には、「良品質の新品種の導入」、「栽培技術の向上」の二つの要因によって、風味の優れた果実が生産されるようになったからでした。さらに、もう一つは目の働きによいなどに代表される「ブルーベリーの持つ機能性」が高く評価され、おいしい健康果実として消費が拡大したことによるものでした。

＊

新品種の誕生、栽培技術のレベル、消費者の嗜好と志向は、固定したものではなく、時代によって、また科学技術の進歩に合わせて進化します。このため、経済栽培者には、前に述べた三つの要因について常に関心を寄せ、新しい情報の収集に努めることが望まれます。

本書は、かねてからの「ブルーベリーの特性、品種、栽培技術に重点を置いて、家庭栽培の愛好者も含め、規模の大小にかかわらず良果多収の経済栽培を担う生産者向けの標準的な栽培テキストブックがあったら」という要望に応えるために編纂、執筆したものです。全体で三つの章からなります。

第1章では、「ブルーベリーの生態・分類・品種」としてブルーベリーの樹と果実の特徴、家庭果樹としての楽しみ、形態、分類とタイプ、さらに栽培ブルーベリーの主要品種、産業と

収穫期の成熟果

しての発展などを紹介しています。

第2章では、樹を健全に育て、おいしい果実を生産するために必要な「ブルーベリーの栽培管理の基本」を解説しています。その範囲は、経済栽培に必要な全ての分野を含みますが、主として諸管理は全て手作業で実施できるものです。内容的には、整枝・剪定、さらに施設栽培、ベランダでも育てられる鉢・プランター栽培などにも力点を置いています。

第3章では、主としてブルーベリー果実の栄養成分、品質評価、健康食品としての果実の働き、家庭で楽しめる果実の利用・加工法など「ブルーベリー果実の成分・機能・加工」を取り上げています。

＊

本書を参考にすることでブルーベリー栽培への愛着が深まり、万全の栽培管理によって高品質の果実が生産できるはずです。家庭栽培や、経済栽培でブルーベリー栽培を志したり、栽培の拡大を心がけたり、栽培上の課題を抱えたりしている方々、市町村各地域のリーダー、試験研究機関、普及・技術指導にあたる方々、そして流通・加工、販売分野の方々、また、全国の消費者のみなさんに、この書がお役に立てれば誠に幸いです。

本書の出版にあたっては、これまでの共著による既刊本と同じく全体にわたり珠玉の写真を提供していただき、また第3章の一部を執筆していただいた共著者の福田俊さん、さらに創森社の相場博也さんをはじめ、多くの関係者の方々に多大なご教示、ご支援をいただきました。ここに記して深く感謝申し上げます。

２０１５年11月　ブルーベリーの導入65年を前にして

玉田　孝人

図解 よくわかるブルーベリー栽培◎もくじ

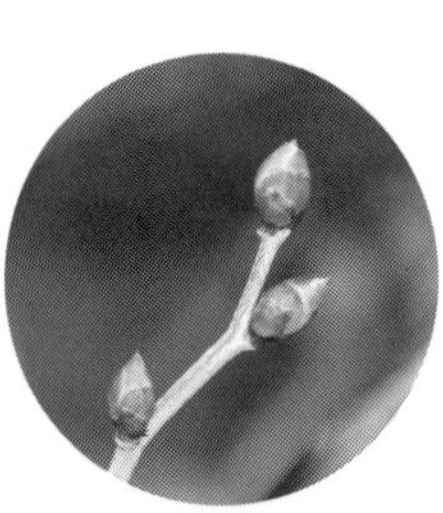

花芽

第2章 ブルーベリーの栽培管理の基本　47

マルハナバチの飛来

幼果

完熟果

本書の見方・読み方

◆本書では、ブルーベリーの生態、品種、および主な栽培管理・作業を紹介しています。また、施設栽培や鉢・プランター栽培についても解説しています。

◆栽培は関東南部、関西の平野部を基準にしています。生育はタイプ、品種、地域、気候、栽培管理法などによって違ってきます。

◆果樹園芸の専門用語、英字略語などについては、初出用語下の（　）内などで解説しています。

◆植物分類学上の「種」（種類）はタイプとし、品種と混同されるのを避けるようにしています。また、品種（10～11頁の4色口絵にも掲載）は主要品種の成熟期と特徴を紹介しています。

◆ブルーベリーのタイプ名は一部の例外を除き、フルネームで記すべきところを略しています（例＝ノーザンハイブッシュブルーベリー → ノーザンハイブッシュ、またはNHb）。

◆「施設栽培の目的と栽培管理」については、日本ブルーベリー協会編『ブルーベリー全書～品種・栽培・利用加工～』の玉田執筆分を部分的に引用しています。

切り戻しで樹が若返る

BLUEBERRY ORCHARD 開花・収穫・紅葉

樹上の完熟果

手袋を使用して手摘みの収穫

障害果を除き、収穫果を容器に入れる

ハイブッシュの開花

ラビットアイの開花

整備されたブルーベリー園

ラビットアイ（ティフブルー）の紅葉

BLUEBERRY ORCHARD

主要品種

( )内の月は成熟期

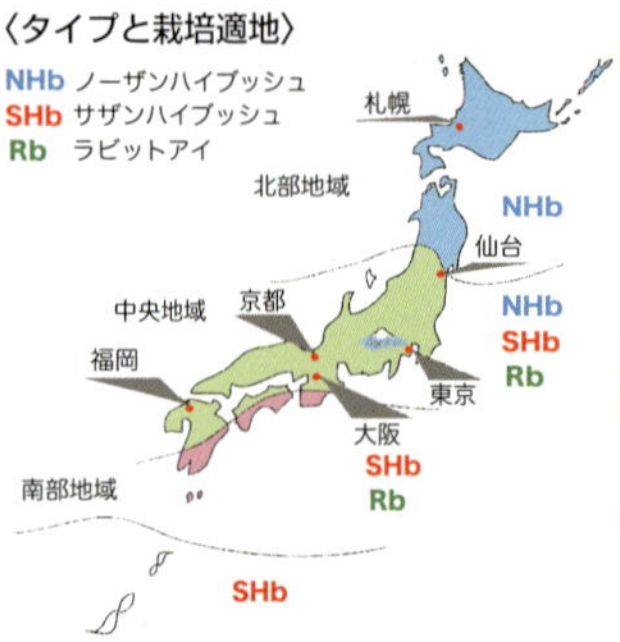

ノーザンハイブッシュ(NHb)

シエラ(早生～中生・6月下旬)

アーリーブルー
(極早生・6月上旬)

レガシー(中生・7月上旬)

ブルークロップ
(早生～中生・6月中旬)

デューク(極早生・6月上旬)

チャンドラー
(中生～晩生・7月中旬)

ブルージェイ(早生～中生・6月中旬)

スパータン(早生・6月中旬)

ブリジッタブルー(中生～晩生・7月中旬)

オーロラ
(晩生・7月下旬)

ブルーゴールド(中生・7月上旬)

ハンナズチョイス
(早生・6月中旬)

サザンハイブッシュ(SHb)

マグノリア(中生・7月上旬)

ニューハノーバー(早生・6月上～中旬)

サファイア(早生・6月上～中旬)

オザークブルー
(中生～晩生・7月中旬)

エメラルド(早生～中生・6月下旬)

スター(早生・6月上～中旬)

ラビットアイ(Rb)

オクラッカニー
(極晩生＝後期・8月中～下旬)

コロンバス
(極晩生＝中期・8月上～中旬)

ブライトウェル
(極早生＝前期・7月下～8月上旬)

オンズロー
(極晩生＝後期・8月中～下旬)

パウダーブルー
(極晩生＝中期・8月上～中旬)

モンゴメリー
(極早生＝前期・7月下～8月上旬)

成長期の栄養診断

鉄(Fe)欠乏：Mg欠乏と同様に、栽培園で最も多く見られる症状。主脈や側脈が緑色を呈した葉脈間クロロシス。普通、症状は新梢の若い葉から現れ、クロロシスを呈する部分は明るい褐色からブロンズ色まで多様

健全な生育を示している樹：施肥が適切に行われ、葉中の無機成分(肥料成分)濃度が適量のレベルにある樹は、健全な生育を示す。葉は濃い緑色を呈して、光沢があり、大きい

鉄(Fe)

鉄(Fe)過剰：実験では、新梢の上位葉に黄化および赤褐色化葉が見られる

窒素(N)

窒素(N)欠乏：新梢の下位葉(成熟葉)が全体的に黄緑色となって小さい

窒素(N)過剰：N施用量がわずかに多い程度では、葉は大きくて暗緑色であるが、さらに過剰になると葉焼けを生ずる

マグネシウム(Mg)

マグネシウム(Mg)欠乏：栽培園で多く見られる要素欠乏。症状は葉脈間が黄色から明るい赤白色まで多様であるが、葉脈間クロロシス症状を呈して、葉の中央部がクリスマスツリー状になる

マグネシウム(Mg)過剰：カルシウムと同様に、土壌中の含量が多いと土壌pHが高まり、Fe欠乏が発現する

第1章

ブルーベリーの生態・分類・品種

ノーザンハイブッシュの早生品種（スパータン）

ブルーベリーには、樹や果実の性質、栽培方法、果実の利用法、産業としての姿など、たくさんの特徴と魅力があります。この章では、ブルーベリーの全体的な特徴について述べます。まず果樹としての特徴、家庭果樹としての楽しみについて整理しています。次に形態的特徴、植物学的分類と栽培ブルーベリーの区分、主要品種の特徴を取り上げ、最後に栽培ブルーベリー誕生の背景と日本における特産果樹としての発展過程を概説します。ブルーベリーの全体像をつかむことで、より一層ブルーベリー栽培への愛着が深まり、栽培管理の要点の理解が容易になるはずです。

果樹としてのブルーベリーの特徴

栽培ブルーベリーにはタイプ（種類）があり、タイプにはそれぞれ多数の品種があります。品種によって栽培上の特性が異なり、その一方で、多くの共通点があります。

樹の特徴

全国各地で栽培できる　ブルーベリーは、タイプと品種を選べば、北海道から九州・沖縄まで全国どこでも栽培できます。

株元から数本の主軸枝が立ち、ブッシュ状

低木でブッシュ　樹は、小形で低木（樹高が1～2・5m）のブッシュ（株状、叢性）で、やぶ状。通常、落葉性です。

株元から強い発育枝、旧枝から多数の徒長枝《とちょうし》が伸長するため、樹形がブッシュになります。また、地中をはって吸《きゅう》枝《し》（サッカー）が地上から伸長します。

繊維根（ひげ根）で浅根性　根は、繊維根（ひげ根、細くて軟らかい根）で、直根や根毛がありません。このため、根の伸長範囲が浅くて狭い、いわゆる浅根《せんこん》性です。

このような根の性質から、土の乾燥に比較的弱いのも特徴です。

好酸性で、好アンモニア性果樹　ブルーベリー樹が成長するのに好適な土壌pH（水素イオンの濃度を示す数値。pH7・0が中性で、これより下が酸性、以上がアルカリ性）は、4・3～5・3の強酸性です。

繊維根は、伸長範囲が浅くて狭い

また、窒素肥料はアンモニア態で成長が優れます。このため、肥料の種類や施肥法は、他の果樹とは大きく異なります。

果実の特徴

夏の果物　ブルーベリーは夏の果物です。成熟期は、タイプや品種、地域によって違いますが、関東南部では6月上旬から9月上旬までの3か月にも及びます。1品種の成熟期間は、3～4週間です。

樹上で完熟　ブルーベリーは、収穫後、デンプンが糖化して果実の糖度や糖酸比が高まることはありません。すなわち、ブルーベリーは樹（枝）上でのみ完熟して、果実の大きさと糖度が最大になり、酸含量が減少して、品種本来の風味になります。

ブルーベリーは、樹(枝)上でのみ完熟

果実は小粒で、廃棄率がゼロ　ブルーベリーは、果実が小粒（平均して1～5円玉の大きさ）で、比較的果皮が軟らかく、種子も小さくて軟らかいため、果実を丸ごと生食するのが一般的な食べ方です。

生食の場合、果実が含む各種の保健（栄養）成分と機能性成分の全てを摂取できます。

ソフト果実　ソフト果実といわれるように果皮、果肉が軟らかいため（小果樹類のうちでは硬い方）、収穫後の日持ち性、輸送性が劣ります。そのため、収穫時はもちろん収穫後も、果実を傷めない取り扱い方が必要です。

糖と酸が調和した風味　成熟した果実は、糖と酸が調和した爽やかな風味が特徴です。

デザートとして食されるほか、各種加工品の素材として利用できます。

果皮の明青色はアントシアニン色素　ブルーベリーの果色は、明青色とか暗青色と表現されますが、いずれもアントシアニン色素によるものです。

果皮は、果粉（ブルーム、ワックス）によって被覆されています。

豊富な栄養成分と機能性成分　ブルーベリー果実は低カロリーで、ミネラル類（特に亜鉛とマンガン）、ビタミン類（特にビタミンEと葉酸）、さらに食物繊維を多く含んでいます。加えて「目にいい」、「生活習慣病の予防効果が高い」と評価されているポリフェノール類が多く含まれています。

利用・用途が広い　果実の利用は、生食が中心ですが、用途の広いのが大きな特徴。例えば生果からでも冷凍果からでもジャム、ジュース、ワイン、酢などに単一で、あるいは他の果実とミックスして加工され、さらに菓子類や料理の素材としても使われています。

家庭果樹としても魅力いっぱい

ブルーベリー樹は小形で育てやすく、幼木でも結実させて果実を収穫できます。その上、花、果実、紅葉は観賞性に優れています。

ブルーベリー樹が数本でも庭先にあると、たくさんの楽しみを体験できます。

育てて愛でて味わう

育てる楽しみ　ブルーベリーは、タイプと品種を適切に選べば経済栽培はもちろん、庭植えでも鉢・プランター植えでも、全国各地で育てることができます。

苗木や土などの諸準備を整えて植えつけてから、年ごとに大きく成長する樹の姿や形に感動することでしょう。

また、繰り返し世話する水やり（灌水）、施肥や剪定などの諸管理（作業）には、誰しも無心になれる喜びがあります。

愛でる楽しみ　春には美しく可憐な花、夏には緑色から明青色や暗青色になって成熟する果実、秋の鮮やかな紅葉は、五感を刺激して楽しませてくれます。また、葉を落とし、冬の寒さに耐えている枝や蕾《つぼみ》には、強い生命力を感じます。

果実を味わう楽しみ　ブルーベリーは、樹上でのみ完熟するため、たとえ家庭で育てている場合でも、新鮮で大きなおいしい完熟果を、その場で味わうことができます。

また、好みのタイプ、品種を育て、品種間の風味の違いを味わえるのも、家庭で育ててこその楽しみです。

冷蔵貯蔵すると、生果と同じように1週間以上も味わうことができます。冷凍貯蔵すると、翌年の収穫期まで加工品の材料として保存できます。

加工品をつくる楽しみ　生果はもちろん冷凍果から、各種の加工品をつくり、また、クッキングの素材としても広く利用できます。

ジャムなどの加工品をつくるための準備と製造過程、そしてでき上がった製品を味わうことは、大きな楽しみとなるでしょう。

摘んだばかりの果実

心身の健康増進に役立つ

健康になれる喜び　ブルーベリーを家庭で育てる場合、健康になれる喜びに二つの面があります。

一つは、樹を健全に育て、おいしい果実を収穫するまでの各種の管理作業を通して得られる、心身の健康です。

もう一つは、果実が含む各種の栄養（保健）成分と機能性成分を、自給自足できる喜びです。

特に成熟果に含まれるアントシアニン色素は、目にいい効果があるということだけでなく、生活習慣病の予防に効果があり、多くの生体調節機能があるということが知られています。

自然にやさしくできる喜び　ブルーベリーは、諸管理が行き届く家庭栽培では、病害虫防除のための化学農薬を使用せずに無農薬で育てることができます。いわゆる安全・安心な育て方が可能です。

その上、ヒヨドリやムクドリなどの鳥に熟果をついばまれることはあるものの、他の樹木や飛来する小動物にも害を及ぼすことがないため、ブルーベリー栽培は自然にやさしい環境保全の一助ともなります。

雨露が残る樹上の完熟果

愛でて摘んで味わう楽しみがある

観光農園で摘み取る

ブルーベリー樹の形態的特徴

ブルーベリー樹の適切な栽培管理を、適期に的確に行うためには、樹姿、枝、葉、芽、果実、根などの各器官の形態的な特徴についての知識が不可欠です。

また、各器官の季節的な形態変化を知ることによって経済栽培に役立つことはもちろん、樹を育てる楽しみ、花や紅葉を愛でる楽しみが増し、成熟する果実を収穫できる喜びがより深くなります。

樹の骨格、樹形、樹姿

ブルーベリー樹は、先に述べたとおり低木性のブッシュです。このため、樹の骨格、樹形、樹姿は、カキやクリなどの高木性果樹とは大きく異なります。

樹の骨格

樹の骨格は、クラウン（Crown）、主軸枝、旧枝、発育枝、徒長枝《とちょうし》（主軸枝や旧枝から発生して栄養成長が盛んな枝）に区分されます。クラウンは、根と主軸枝の維管束（植物体の組織の一つで木部と師からなり、強固に保つ）が、形態的にははっきりと分けられる部分です。ブッシュの形成は、クラウン、休眠していた主軸枝や旧枝の不定芽から伸長した、多数の発育枝、徒長枝によるものです。

樹の骨格（冬季の状態）

樹形と樹姿

図１　ブルーベリーの樹姿

樹全体を側面から見た形状観察

注：志村編著による（1993）原図

樹形　樹形は、成木の樹冠（樹高と樹の幅）の相対的な大きさで比べられて大形、中形、小形の三つに分けられます。樹形は、タイプと品種によって異なり、また、苗木の植えつけ距離と密接に関係しています。

樹姿　成木の樹姿（樹全体を横から見た姿）は、品種によって異なりますが、通常はおおよそ次の三つに区分されています。

樹姿が場所をとらずに縦に立つのが直立性、樹姿が場所をとり横に広がるのが開張性です。

もう一つは半直立性（半開張性ともいう）で、直立性と開張性の中間の性質を示します（**図1**）。

冬季（花芽の崩芽時）の枝の状態

枝と葉芽

葉を着ける器官を枝といいます。枝の先端部には分裂組織があり、葉の原基を分化します。また、枝には節《せつ》（「ふし」とも呼ぶ）があり、節には葉が着き、その葉腋《ようえき》にも分裂組織が形成されます。

葉芽《ようが》（「はめ」ともいう）とは、成長して葉や枝になる芽をいい、通常、新梢の基部から中央部にかけての葉腋に形成されます。このような芽を定芽《ていが》といいます。

葉芽は、花芽の分化が始まった3月下旬ころから伸長し始める

新梢の頂端から下位数節の腋芽《えきが》には、花芽《かが》（「はなめ」ともいう）が着きます。

新梢

その年の春から冬の到来までの間に伸長した枝、または伸長しつつある枝を新梢（当年生枝）といいます。通常、枝の上部節に花芽を着けて、翌年には果実生産の中心になる枝です。

新梢は、大きく5種類に分けられます。普通栽培園の場合、春から6月中旬〜7月上旬まで伸長する春枝《はるえだ》（1次伸長枝）、春枝から伸びる夏枝（2次伸長枝）、また春枝や夏枝から発生す

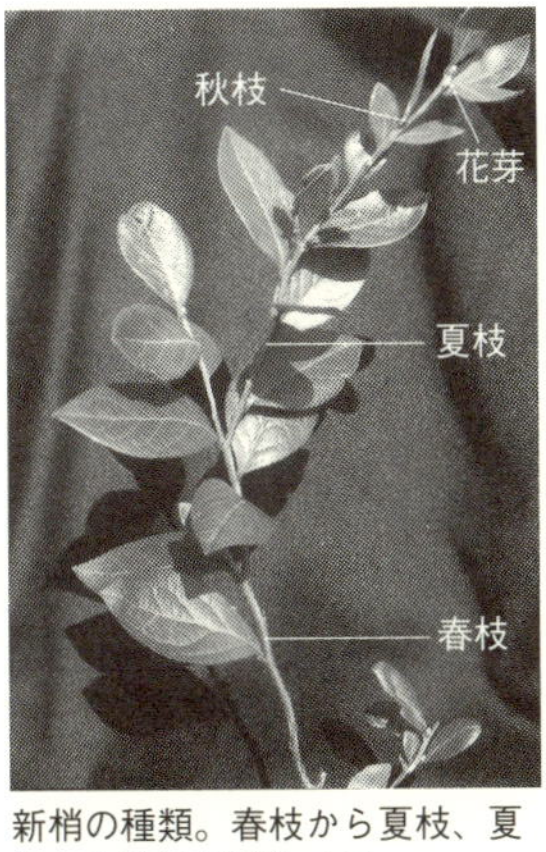

新梢の種類。春枝から夏枝、夏枝から秋枝が発生する

る秋枝（3次伸長枝）、さらに春から旺盛に伸長している発育枝と徒長枝です。なお、これらの枝の性質については、第2章で述べます。

前年枝・旧枝

枝は、枝齢によっても区分されます。休眠期（冬季）を経過して2年目になる枝を前年枝（2年生枝）といいます。

また、休眠期を経過して3年目以上になった枝を旧枝といい、通常、年数をつけて3年生枝、4年生枝などと呼びます。前年枝から主として春枝が、旧枝からは徒長枝が発生します。

新梢と芽。新梢（当年枝）は葉・芽（花芽と葉芽、頂芽と腋芽）、節・節間に分けられる

葉の状態

葉の原基《げんき》（葉や花弁などの器官が形成されるさい、のちに分化するように運命づけられている分裂組織）は、一定の規則性を持って分化し、当年枝（新梢）についています。枝上の葉の配列の仕方を葉序《ようじょ》といい、ブルーベリーは5分の2葉序です。

ブルーベリーの葉は網状脈で葉柄、主脈、側脈、細脈に分けられる

1節に1葉つき、落葉性

葉は、枝に側生した器官で、1節に1葉（単葉）つき、落葉性です。

葉は葉緑体を有する普通葉で、発達した同化組織により光合成《こうごうせい》活動を営み、活発な物質転換と蒸散《じょうさん》（樹体内の水が水蒸気として対外に排出される）などを行っています。

葉の形と大きさ

葉は全体の形から、楕円形、長楕円形、狭長楕円形、長卵形、卵形などに分けられます。また、葉縁の形状から、葉縁が滑らかな全縁と、葉縁が切れ込み状になっている鋸歯《きょし》の二つに区分されています。

さらに、葉の先端や基部の形にも違いがあります。いずれも、品種特性を比較する上で重要な形質です。

葉の大きさは、日光の照射量、灌水や施肥などの栽培環境、新梢の種類、新梢上の位置によって異なります。しかし、基本的にはタイプや品種の特性で、大葉、小葉、中位葉の品種に区分できます。

花の状態

ブルーベリーは、前年枝の先端と、先端から数節下位までの側芽が花芽となる、いわゆる頂側《ちょうそく》性花芽です。また、花芽と葉芽が別々になる純正花芽（花芽のうち、成長して花だけを生じる芽）です。

花は、生殖のための器官で複雑な構造を持ち、がく（萼）、花冠、雄ずい（蕊）、雌《し》ずいから構成されています。

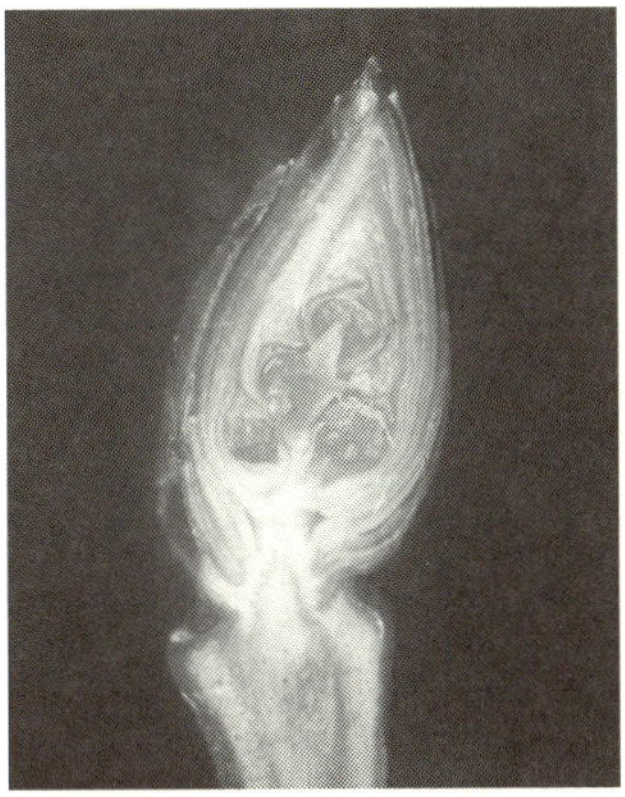

花芽内の小花の発育。2月上旬、花芽内では小花の発育が進んでいる

花芽は、新梢の先端数節下位までの側芽（葉脈）に着生する

花序

枝上の花の配列状態を花序《かじょ》といいます。ブルーベリーは、総穂花序の総状花序ですから、長く伸びた花梗《かこう》（花房の軸）に多数の小花《しょうか》（花房《かぼう》上の一つ一つの花）を着けます。すなわち、一つの花芽は、10前後の小花からなる花房です。通常、1節に1個の花房を着けますが、2個の場合（副芽、2次花房）もあります。

枝当たりの着生花房数は、同一品種でも、枝の種類（春枝、夏枝、秋枝、徒長枝）によって違います。

花芽の崩芽。3月下旬～4月上旬、花芽が崩れて小花がはっきり現れる

小花

ブルーベリーは純正花芽である（4月中旬の状態）

一花房内の小花数は、平均して10前後です。1本の枝でも花房（花芽）の着生位置によって異なり、先端の花房で多く、下位節の花房で少ない傾向があります。これは、花芽分化が枝の先端から始まり、しだいに下位の節に進むため、下位節ほど分化時期が遅く、花器の発育期間が短かったことによるとされています。

ブルーベリーの花序。長く伸びた花梗（花房の軸）に多数の小花を着ける

　植物の子房（雌ずいのふくらんだ部分）は、花《か》被《ひ》（がくと花冠の総称）や花床《かしょう》（花托）の位置から、子房上位、子房中位、子房下位の三つに分けられています。ブルーベリーは子房下位です（図2）。

図2　花の構造と果実の発育・肥大

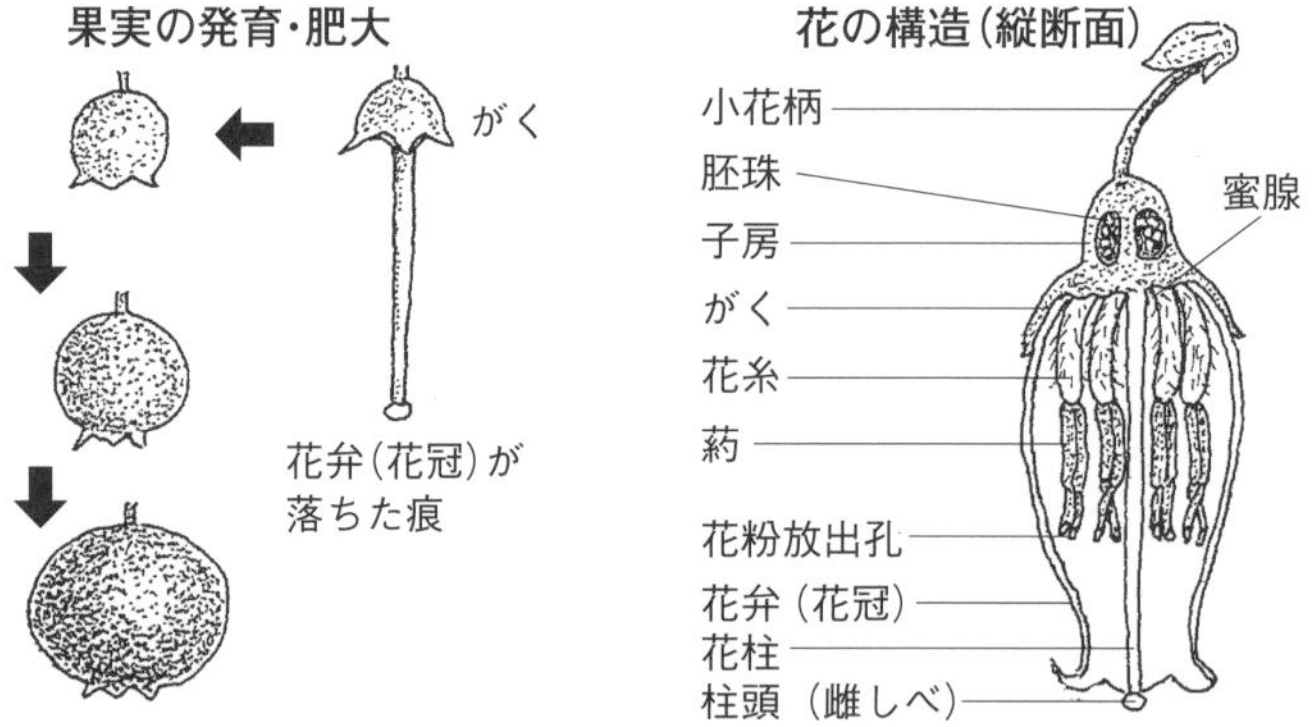

注：Williamson and Lyrene（1995）
　　などをもとに加工作成

がくと花弁　花（小花）の形は、球形、釣り鐘形、つぼ形、管状形などさまざまです。

　いずれの形態でも、がく、花弁（花《か》冠《かん》）があり、その区別ははっきりしています。がくは、四つ～五つの切れ込みがあって筒を形成し、子房に着いています。そのため、がくは、成熟果でも付着しています。

　花弁は結合して花冠となり、四つ～五つの切れ込みがあります。花冠の色は、たいていは白かピンクです。

花（小花）の断面（縦）

雄ずいと花粉　雄ずい（おしべ）は8～10個あり、花冠の基部に差し込まれ、花《か》柱《ちゅう》（雌ずいの先端の柱頭とつ

小花の大きさいろいろ

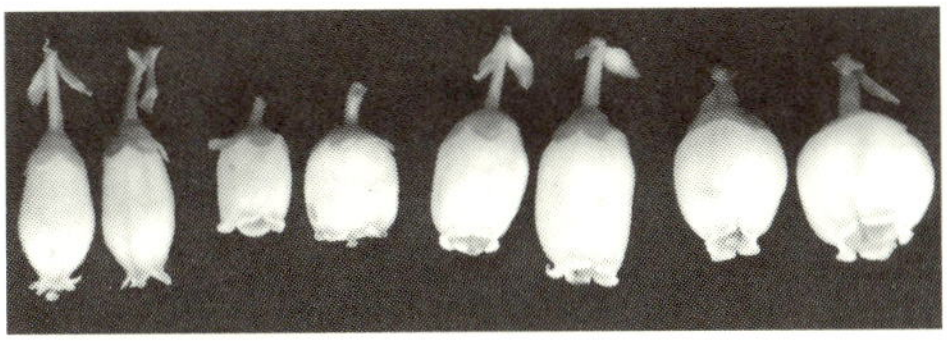
小花の形状いろいろ

雄ずいは8～10個あり、花冠の基部に挿し込まれている柱頭（雌ずい）

け根の子房の間のほぼ円柱状の部分）のまわりに、円状に密に着いています。雄ずいは、糸状の花糸と内部に花粉を蓄えている葯《やく》からなり、雌ずいの花柱よりも短いのが特徴です。

　葯の下半部は、毛で覆われた袋状になって花粉を蓄えています。葯の上半部には二つの管状の小突起があり、先端は花粉放出孔になっています。

　花粉は、四分子で立体的に集合しています。すなわち、一粒に見えるのは、4個の花粉の塊です。

雌ずい　雌ずいは、1本で花の中心に位置し、胚珠《はいしゅ》（受精して種子になる）を収めている子房と、小さい柱頭を持った糸状の花柱からなります。

　子房は雌ずいの基部のふくらんだ部分で、四つ～五つの子室があります。その子室の中に、種子となる胚珠が無数に入っています。

　柱頭は、雌ずいの最上端にあって花粉の付着する所で、粘液を分泌して受粉に適した構造になっています。

　花柱は、前述のとおり子房と柱頭をつなぐ部位で柱筒形をしています。柱頭で発芽した花粉管は、この花柱を通って子房に到達します。

果実の特徴

　ブルーベリーは小花が一つの子房を持ち、1個の果実になる単果です。

果房の状態

　果実は、一粒ずつが果柄《かへい》に着いて果房になっています。その果房の状態は、品種により異なります。一般的に、果柄の長さは短、中、長に、果房の疎密（果房の密着の程度で、果軸の長さとも関係する）が粗、中、密の3段階に分けられています。いずれも収穫能率、果実の障害（果実間の押し傷）と関係しています。

果実の外形

成熟果の外形は、大きさ、形、がくの開閉の状態から区分され、品種特性の比較に用いられます。

果実の大きさは、果実の横断面（横径）から、通常、小・中・大・特大に分けられています。果形は、側面から見た形で、円形・扁円形・扁形に区分されています。がくが付着している上面から見ても、果柄痕がある底面からみても、ほぼ円形です。

成熟果は、果皮が白粉状のろう質、いわゆる果粉で覆われ、特徴的な果皮色を呈しています。果皮色は、品種特性の比較から、大きく明青色、青色、暗青色の三つに区分されています。

果実の構造

ブルーベリーは、花器と果実の構造上の関係で見ると、子房のみからなる真果《しんか》です（**図3**）。

花器の子房壁は果皮となり、果実では外側から外果皮《がいかひ》、中果皮、内果皮に分けられ、果肉の大半は中果皮です。すなわち、ブルーベリーは、中果皮が多汁になる液果です。

果実（子房）は四つ～五つの子室からなり、一つの子室中に数十粒の胚珠を含みます。1果当たりの胚珠は100粒以上ですが、通常、成長過程で発育停止を起こすため、種子数は少なくなります。

種子

受精した胚珠は、成長して種子になります。種子は、珠皮が発達した種皮、次世代の始まりとなる胚、養分を貯蔵して胚に供給する胚乳の三つから形成されます。成熟果は、およそ50～60粒の種子を含んでいます。

種子の形状　種子の大きさはさまざまで、長さが0・5～1・5㎜、幅が0・

果実の下部(右)、上部

果実の横断面

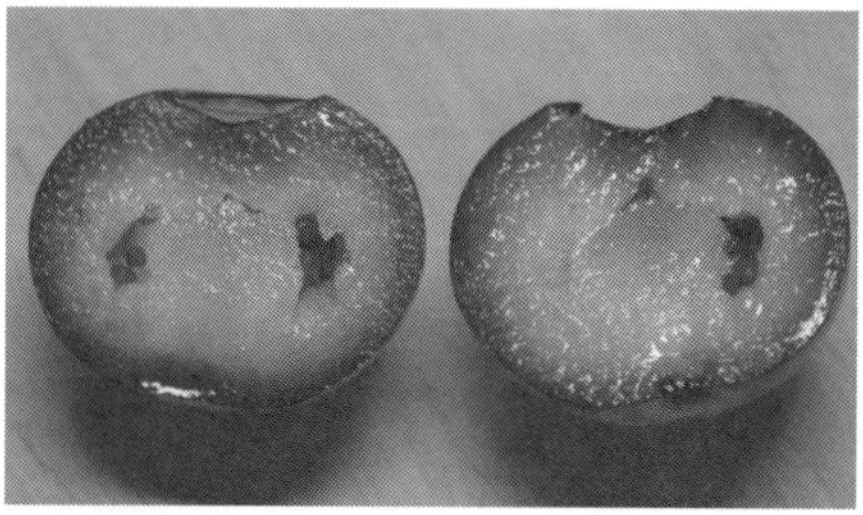
果実の縦断面

果実の子室内の種子

図3　果実の構造（横断面）

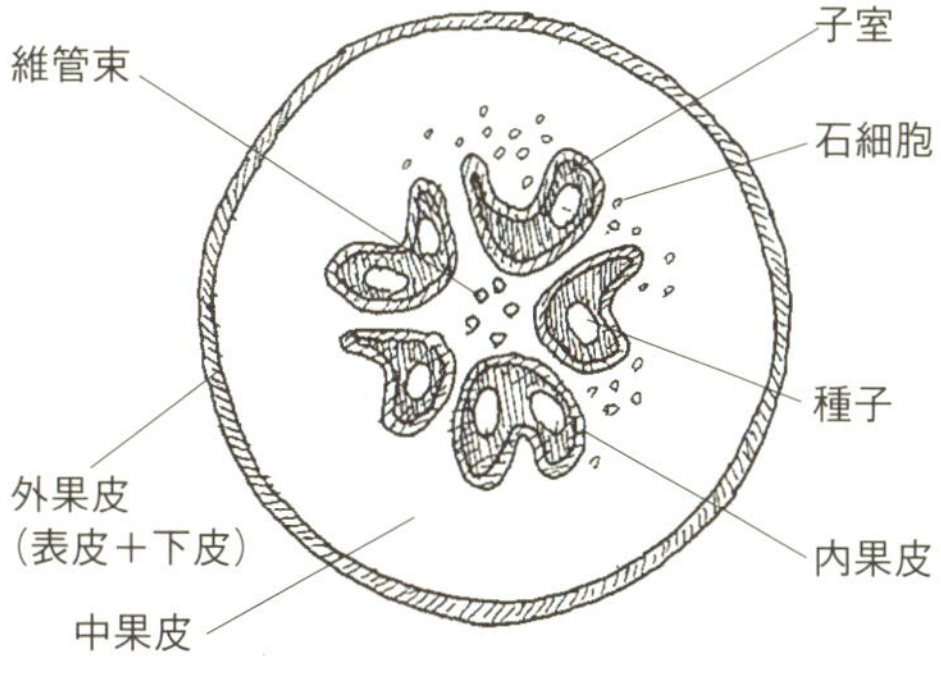

注：Eck and Cilders（1966）をもとに加工作成

ブルーベリーは双子葉植物。発芽後、2枚の葉を展開する

1～0・5㎜です。形もさまざまで、扁平なもの、太くて丸みを帯びたもの、小さくて丸いものなどがあります。

種皮　種皮は、1層の厚くて硬いリグニン質（細胞膜を強固にするのに役立つ木質素）からなり、胚乳を包んでいます。表面には小さい窪み（ピット、pit）があり、全体が網目模様を呈しています。

種皮の色は、暗褐色から黄褐色で、暗褐色の種皮は大粒の種子に、黄褐色のものは小粒種子に多く見られます。

胚　ブルーベリーは有胚乳種子です。そのため、胚には幼根、胚軸、子葉があります。

幼根は、胚軸の下部にあり、種子の発芽とともに成長して根になります。

胚軸は、胚の軸となる茎状の部分で、上方に子葉を、下方に幼根を着けています。

子葉は、種子が発芽する際に最初に展開する2枚の葉です。発芽後、地上で左右に展開する地上性子葉ですから、葉緑素を有して光合成を行い、自身の貯蔵物質とともに幼植物に栄養を補給します。しかし、子葉は幼植物の成長に伴って、やがて落下します。

根の形態と分布

枝の下方に連続して植物体の軸をなす器官を根といいます。

普通、根は地中にあって地上部を支持し、水や無機栄養分を吸収して通導の役割を担い、さらに貯蔵器官にもなっています。

根の形態

根は前述どおり地中で水分、養分を吸収する機能を持つ器官の一つで、地上部を支えます。

ブルーベリーには、他の高木性果樹のような主根《しゅこん》（直根。幼根がそのまま発育して太くなったもの）や支根（側根）と呼ばれる根はなく、繊維根（ひげ根）と呼ばれる根だけです。しかし、便宜的に、細根（通常、太さが2㎜以下のもの）と太根《ふとね》（鉛筆大の太さ）に区分されています。

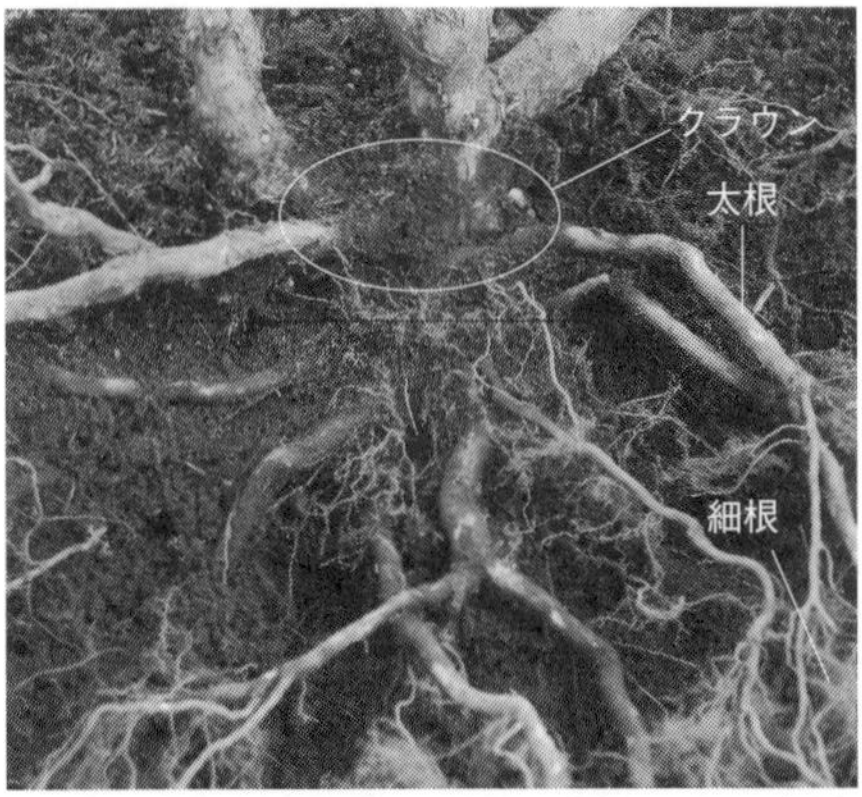

クラウン（根冠）は、根が主軸枝に移行し、根と主軸枝が分かれる集合部分

繊維根の太さは、直径が50〜75ミクロンで、水や無機栄養分を吸収する働きをしています。しかし、ブルーベリーには根毛がないため、根の養水分吸収力や伸長力は弱いとされています。

根の区分。太根（鉛筆状の太さ）と細根（通常、太さが 2㎜以下のもの）

根は、形成層、コルク形成層の活動によって2次肥厚し、年数を重ねて細根から太根と肥大します。その過程は、初めに土の表面近くの根が太くなり、やがて土中の根に及びます。

根の分布

根は繊維根のため、土中への伸長範囲は狭くて浅く、根群はほとんどが樹冠下内で、深さが5〜20㎝の範囲にあります。

根の分布は、土の物理性、地下水位、肥料分などに大きく影響されます。しばしばルートボール（root ball）、あるいはルートマット（root mat）状になります。これらは、根が肥料分や水分が適度にある所（土壌表面に近い所）に密に張り、細根がまとまってボール状やマット状になったものです。このような根の分布は、栽培管理上、好ましくない状態です。

植物学的分類と栽培種のタイプ

植物学的分類

ブルーベリー（Blueberries）は、植物学的（自然分類。植物の系統的な類縁関係に基づいた分類）には、ツツジ科（*Ericaceae*）、スノキ属（*Vaccinium*）、シアノコカス節（*Cyanococcus*）に分類されるアメリカ原産の落葉性（常緑性もある）の低木性植物です。

ブルーベリーの類縁関係を知ることによって、栽培ブルーベリーの特性の理解が容易になります。

スノキ属の主要な節

スノキ属（genus）は、23の節（section）に分けられますが、果実が生食され、あるいは加工して利用されているのは、主に五つです。

ワイルドブルーベリー（シアノコカス節）

ビルベリー（ミルティルス節）

クランベリー（オキソコカス節）

①シアノコカス（*Cyanococcus*）**節**

この節は、ブルーベリー全体を含んでいます。ちなみに、学名の「*Cyano*」は英語で「blue」（青）を、学名の「*coccus*」は英語で「berry」（小果実）を意味します。

②ミルティルス（*Myrtillus*）**節**

「ヨーロッパの自生種」といわれるビルベリー（Bilberry, *V. myrtillus* L.）が含まれます。

③オキソコカス（*Oxycoccus*）**節**

クランベリー（Cranberry, *V.Macrocarpon Aiton*）が含まれます。

④バクシニウム（*Vaccinium*）**節**

広く、北半球の冷涼地帯に分布しているクロマメノキ（Bog berry, *V. uliginosum* L.）が含まれます。

⑤ビテス－イデア（*Vitis-Idaea*）**節**

広く、北半球の冷涼地帯に分布しているコケモモ（Lingonberry, *V. vitis-idaea* L.）が、含まれます。

日本に自生するスノキ属の仲間

ス

ノキ属植物は、世界には約２００～３００種類あるといわれています。

日本の山野や高山に自生しているナツハゼ、シャシャンボ、クロマメノキ、コケモモなどは、ブルーベリーの仲間です。

シャシャンボは、日本に自生するスノキ属の仲間

クロマメノキは日本を含め、北半球の冷涼地帯に分布している

コケモモは日本や北半球の冷涼地帯に分布している

ナツハゼは、スノキ属の仲間として日本に自生している

シアノコカス節の主要な種

シアノコカス節の植物は、中南米を起源とし、カリブ海諸島を経て北アメリカ大陸に伝播し、さらに大陸東部の沿岸地帯に沿って北方へ広がったとされています。

栽培上および果実利用の点で重要な種は、次の五つです。

①ハイブッシュブルーベリー

（*V. corymbosum* L.）

この種は、いわゆるハイブッシュブルーベリー（Highbush blueberry）です。

ハイブッシュブルーベリーは、栽培的には、ノーザンハイブッシュ(Northern highbush)、サザンハイブッシュ(Southern highbush)、ハーフハイハイブッシュ（Half-high highbush）の三つに区分されています。学名は、同一です。

②ラビットアイブルーベリー

（*V. virgatum Aiton*）

この種は、ラビットアイブルーベリー（Rabbiteye blueberry）です。

③ローブッシュブルーベリー

（*V.angustifolium* Aiton）

一般的に、ワイルド（野生）ブルーベリー（wild blueberry）と呼ばれているローブッシュブルーベリー(Lowbush blueberry）の中心種です。特に、アメリカ北東部に分布しています。この種とノーザンハイブッシユの栽培種との交雑から、ハーフハイハイブッシュが育成されています。

④ローブッシュブルーベリー

（*V. myrtilloides Michx.*）

ローブッシュブルーベリーのもう一つの主要な種で、主にカナダの東部に分布しています。

⑤エバーグリーンブルーベリー

（*V.darrowi Camp*）

アメリカ南部に分布するエバーグリーンブルーベリー（Evergreen blueberry）と呼ばれる野生種です。

ハイブッシュブルーベリーの果実が成熟

特に、育種素材として重要で、この種とノーザンハイブッシュの栽培品種との交雑から、サザンハイブッシュが育成されています。

栽培ブルーベリーのタイプ

ブルーベリーは、まず栽培の可否から、栽培ブルーベリーとワイルド（野生）ブルーベリーの二つに分けられます。栽培ブルーベリーは、さらにノーザンハイブッシュ、サザンハイブッシュ、ハーフハイハイブッシュ、ラビットアイの四つのタイプ（種類）に分けられます（**図4**）。

樹高の低いローブッシュブルーベリー

タイプによって、樹や果実の特徴、栽培適地が異なります。そこで以下に、各タイプの誕生、タイプの区分上の特性について簡単に述べ、日本における栽培地域をあげます（**表1**）。

ハイブッシュのグループ

ハイブッシュは、花芽や葉芽が自発休眠から覚醒するために必要な低温要求量（通常、1・0~7・2℃の低温に遭遇する時間数）、耐寒性と樹高の違いから、さらに三つのグループ（群）に区分されています。

それぞれのグループに多数の栽培品種があります。

ノーザンハイブッシュ

1990年代まで、単にハイブッシュと呼ばれていたグループで、1906年からUSDA（アメリカ連邦農務省）で始められた品種改良（当初、アメリカ北東部に自生する株の選抜種の交雑から誕生）により、多くの品種群が育成されてきました。

現在は、栽培ブルーベリーの中心グループです。このグループは、低

図４　ブルーベリーの区分――栽培の有無とタイプ

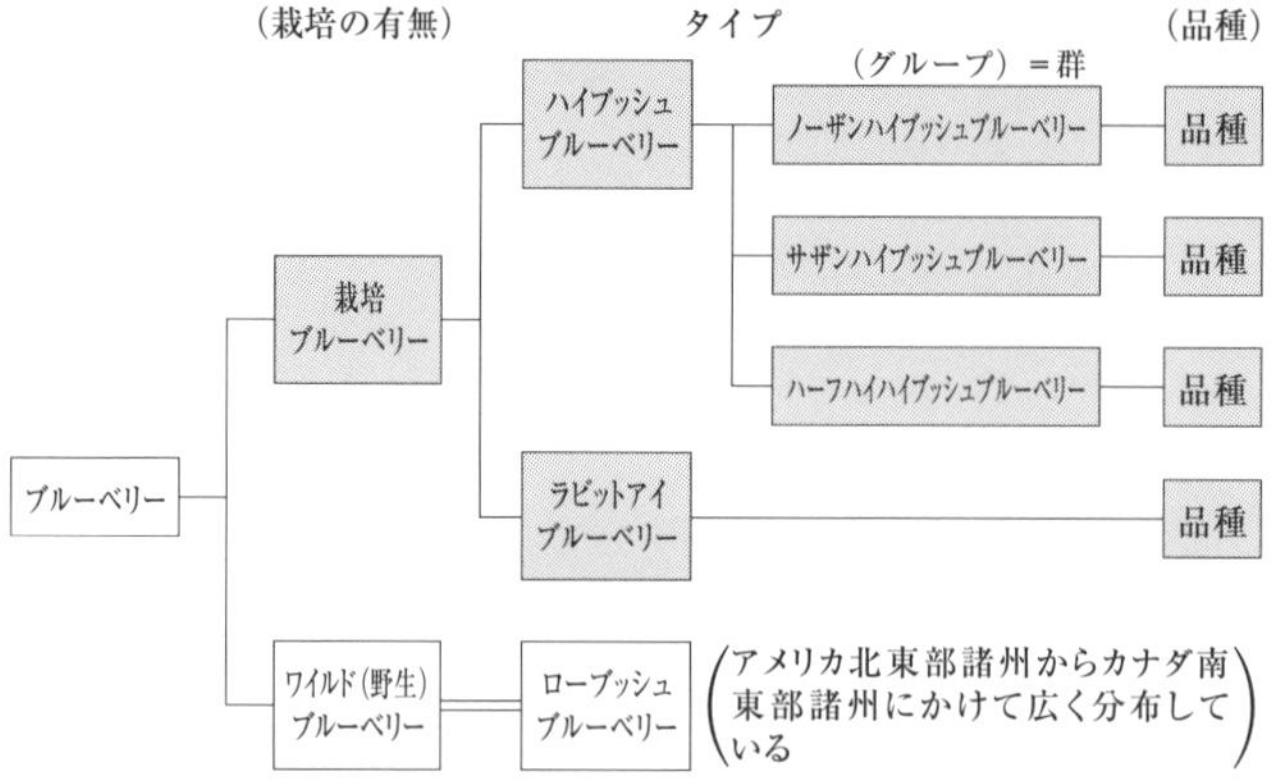

温要求量が８００～１２００時間と多く、また耐寒性があります。このため、冬季の低温が十分に確保できる地域で、最低極温がマイナス20℃以下にならない所であれば栽培できます。

日本には、１９５１年に導入されました。現在、栽培地帯は全国各地に広がり、市販されている品種は30以上にのぼります。

サザンハイブッシュ

このグループは、冬季が温暖な地域でも栽培できるハイブッシュの育成計画から生まれました。主として、ノーザンハイブッシュの栽培品種とアメリカ南部に自生するエバーグリーン（常緑性）ブルーベリーの交雑種です。低温要求量は、平均して４００時間以下と短いのが特徴です。一方、耐寒性は弱くなります。栽培適地は、ノーザンハイブッシュよりも冬季が温暖で、最低極温がマイナス10℃以下にならない地域に限られます。

日本には１９８５年以降に導入され、ほとんどがラビットアイと同じ地帯から、さらに南部で栽培されています。今日では、25以上の品種が市販されています。

ハーフハイハイブッシュ

このグループは、アメリカ中西部北部の冬季の低温が非常に厳しい地域でも、栽培できる品種の育種計画から生まれました。

ノーザンハイブッシュの栽培品種とアメリカ北東部に自生するローブッシュの選抜種との交雑から育成されたグループで、樹高が「ノーザンハイブッシュの半分くらい」という意味で、名付けたといわれます。

樹形が小形で樹高が低く、耐寒性が最も強いため、ノーザンハイブッシュより冬季の低温が厳しい所でも栽培できます。

日本に初めて導入された年代は、はっきりしませんが、現在、７品種ほど

表1　栽培ブルーベリー 4タイプの特性

ブルーベリーのタイプ	樹：樹形	樹：樹高（m）	樹：樹勢	樹：発育枝の伸長	樹：低温要求量	樹：耐寒性	果実：大きさ	果実：食味	果実：貯蔵性	果実：収量	果実：成熟期
ノーザンハイブッシュ（NHb）	中形	1.0〜2.0	中	中	多	強	大	優	良	多	6月上旬〜7月下旬
サザンハイブッシュ（SHb）	中形	1.0〜2.0	弱い	弱〜中	少	弱い	中〜大	優	良	中〜多	6月中旬〜7月下旬
ハーフハイハイブッシュ（H-Hb）	小形	1.0〜前後	弱い	弱い	多	強	小	優	良	中〜少	6月中旬〜7月中旬
ラビットアイ（Rb）	大形	1.5〜3.0	強い	強い	中	弱い	大〜中	優	優	極多	7月中旬〜9月上旬
他の果樹との相違点	株元から強い発育枝、地下をはって吸枝が発生してブッシュ（株）状になる 樹形、整枝・剪定法が大きく異なる						収穫期は、ノーザンハイブッシュ、ハーフハイハイブッシュおよびサザンハイブッシュでは主に梅雨期、ラビットアイでは盛夏から晩夏				

（出所）玉田による。『ブルーベリー全書〜品種・栽培・利用加工〜』（日本ブルーベリー協会編、創森社）などをもとに抜粋、加工作成

が市販されています。

ラビットアイ

ラビットアイは、アメリカ南部の大きな河川沿いや湿原にかけて分布している自生種の改良種です。ラビットアイにはグループはありません。果実の成熟過程で、ウサギの目のように赤くなることから名付けられています。

低温要求量（400〜800時間）と耐寒性は、ノーザンハイブッシュとサザンハイブッシュの中位です。このため、栽培地域は、ノーザンハイブッシュ地帯の南部からサザンハイブッシュ地帯の北部まで広がっています。

日本には1962年に導入されました。栽培地域は、現在、東北南部から九州南部まで及びます。市販されている品種は、20近くあります。

品種選定の良し悪しと基準

品種選定の良し悪しは、ブルーベリー栽培ならびに経営の成否を決定します。このため、品種選定は、立地条件の検討と併せて最も重要な判断事項です。

現在、日本に導入されている品種は、各タイプを合わせて100以上もあります。それらの品種から、栽培を希望する品種の特性を調べ、選定するのは容易ではありません。

この節では、まず品種選定にあたって重視すべき形質（品種選定の基準）をあげます。

品種選定の基準

品種選定にあたって特に重視すべき樹と果実の形質は、ブルーベリーのタイプにかかわらず、成熟期、樹勢、果実収量、品質パラメーター、耐寒性、日持ち性、裂果性、開花期の早晩などです。

なお、ブルーベリーには、前に述べたように栽培上の特性が異なるタイプがあります。このため、重視すべき樹と果実の形質と併せて、そのタイプが、地域の気象条件の下で栽培できるかどうか検討すべきです。

成熟期

7段階の区分　ブルーベリーの場合、成熟期（期間）は、すなわち収穫期（期間）です。

近年の品種改良から、成熟期の早晩の幅が広がり、現在では、7段階の区分が一般的です。

関東南部の普通栽培を例にとると、区分の目安は、次のようになります。

ハーフハイハイブッシュの成熟果

時期は、収量全体の20～50％を収穫できるころであり、収穫始めではありません。

- **極早生《ごくわせ》品種**　6月上旬
- **早生品種**　6月上旬から中旬
- **早生から中生《なかて》品種**　6月下旬
- **中生品種**　7月上旬
- **中生から晩生《おくて》品種**　7月中旬
- **晩生品種**　7月下旬
- **極晩生《ごくおくて》品種**　前期－8月上旬、中

期－8月中旬、後期－8月下旬

成熟期とタイプとの関係　成熟期の早晩は、大きくは、タイプによって異なります。ノーザンハイブッシュ、サザンハイブッシュ、ハーフハイハイブッシュの品種は、多くが6月上旬から7月下旬までに成熟する、極早生から晩生品種です。

一方、ラビットアイは、ほとんどが7月下旬から8月上旬以降に成熟する

樹勢の強い品種は新梢の発生と伸長が旺盛であり、栽培しやすい

極晩生品種です。

1品種の収穫期間は、いずれのタイプでも3～4週間です。

関東南部の観光園経営の場合、収穫期間を長くとるために、極早生から極晩生まで多数の品種を組み合わせた栽培が一般的です。

樹勢

樹勢は、新梢伸長の強弱から判断されます。樹勢の旺盛な品種は、一般に土壌適応性があり、樹形が大形になる傾向が強いため、栽培しやすいといえます。

土壌条件に難がある場合には、特に重視したい形質です。

果実収量

果実収量は、1樹の果実数の多少と1果実重によって決定されます。このため、収量性は果実の大小と併せて比較します。

1樹当たりの収量は、一般に、樹形が大きい品種で多く、小形の品種で少なくなります。

果実品質のパラメーター

果実の大きさ、果柄痕の状態、肉質、風味などは、果実品質を決定するパラメーター（要素）です。

果実の大きさ　消費者にも栽培者にも、大きい果実が小さいものよりも好まれます。品種選定にあたって、特に重視されている形質です。

果柄痕の状態　果柄痕は、果実からの水分の蒸発源であり、裂果、カビの発生源となります。このため、果柄痕の状態は、収穫後の果実品質の劣化、日持ち性を大きく左右します。

果柄痕は、小さくて、乾燥する特性の品種を選定します。

肉質　通常、肉質は、果肉の硬さと同じ意味です。

肉質は、口に含んだ際の舌触りで、硬質性（パリパリした食感）と軟質性（軟らかく、トロッとした食感）に分けられます。その相違は微妙ですが、どちらかといえば硬質性のものが好まれ、また、収穫後の日持ち性が優れています。

風味　風味（食味）は、「生食しておいしい果実」という意味です。主に、果実の糖度、酸度（クエン酸含量）および糖酸の比率などによって決定されます。

風味は、気象条件や栽培管理によって異なることは、経験上よく知られていますが、基本的には品種特性です。まずは風味が優れる、と評価されている品種を選定することです。

耐寒性と日持ち性、裂果性

耐寒性　日本では、耐寒性は、栽培の北限を決定します。冬季の低温が厳しい北海道、東北地方の北部、本州でも標高の高い地域などでは、耐寒性を重視すべきです。

日持ち性　ブルーベリーは、他の果実と比べて、果皮や果肉が軟らかい、いわゆる「傷みやすい、ソフト果実」です。その上、成熟期が高温多湿な夏季であるため、日持ち性が悪くなります。

収穫後、果実を低温条件下で保冷することで、日持ちが良くなりますが、基本的には、日持ち性の良い品種を選定しなければ解決できません。

裂果。成熟期間中、降水に当たって果実表面が裂ける。裂果性は品種によって異なる

裂果性　裂果は、成熟期間中の降水あるいは高い空中湿度によって、果実表面が裂ける現象です。裂果した果実は商品性が皆無となり、また、そのまま園内に放置すると病害虫の発生源になる恐れがあります。まずは、裂果しない（あるいは裂果しにくい）品種の選定が重要です。

開花期の早晩と晩霜　ブルーベリーの開花期間中に晩霜《ばんそう》がある地域では、重視すべき形質です。低温によって花器や幼果が障害を受けると、多くの場合、枯死します。当然、結実率は低下してしまいます。

主要品種の成熟期と特徴

栽培者と消費者の両者に、果実品質が高く評価されている品種、今後の普及が期待できる品種があります。

それらの品種の中から、ここでは、家庭で育てたり小規模で栽培したりする場合を考慮してタイプ別、成熟期別に数品種ずつ選び、栽培上、特に重要な樹と果実形質について解説します。

家庭で育て、楽しむ鉢・プランター栽培に勧められる品種は、別に設けた「鉢・プランター栽培の要点」の節で取り上げます。

なお、ほとんどの品種がアメリカで育成されているため、育成機関は国名を省略して州名から記します。各品種の熟果は、10～11頁の口絵写真でも紹介しています。

アーリーブルー（NHb・極早生）

デューク（NHb・極早生）

ノーザンハイブッシュの品種

ノーザンハイブッシュ（NHb）の品種は、比較的自家結実（自分の花粉で受精し、実を結ぶ果樹）します。しかし、他家受粉によって、結実率が高まり、また果実が大きくなるため、同一園に別品種を植えつける、いわゆる混植が一般的です。

◆極早生品種（成熟期：6月上旬）

アーリーブルー（Earliblue）

USDA（アメリカ連邦農務省）とニュージャージー州立農業試験場との共同育成で、1952年発表。

樹姿は直立～開張性で、樹勢が強い。収量性は中位《ちゅうい》。果実は中粒～大粒。果形は扁円。果粉が多く、果皮は明青色。果柄痕の状態は良く、果肉は硬い。わずかに香気がある。やや酸味があるが、風味は優れる。日持ち性は良い。裂果が少ない。耐寒性が強い。

デューク（Duke）

USDAとニュージャージー州立農業試験場による共同育成で、1986年に発表。

樹姿は直立性で、樹勢は旺盛。自

家結実性があり、収量性は安定して高い。成熟期が揃う。果実は中粒～大粒。果粉が多く、果皮は青色。果柄痕は小さくて乾く。果肉は硬い。収穫後、独特の香気が出る。日持ち性は良い。耐寒性が強い。

◆早生品種（成熟期：6月中旬）

スパータン（スパルタン、Spartan）

ＵＳＤＡの育成で、1977年に発表。

樹姿は直立性で、樹勢は中位。樹高は、成木で150～180㎝。収量性は中位。成熟期が揃う。果実は極めて大粒。果形は円形から扁円。果粉は少ないが、果皮色は明青色。果柄痕の状態は中位。果肉は硬い。裂果が少ない。風味は特に優れ、日本人の嗜好にかなっているとされる。耐寒性が強い。

土壌適応性が劣るため、栽培管理の精粗に敏感に反応する。

ハンナズチョイス
(Hannah's Choice)

ニュージャージー農業研究所とＵＳＤＡとの共同育成で、2000年発表。

樹姿は直立性。収量性は中位。果実は中粒～大粒。果皮は暗青色。果柄痕の状態は良い。果肉は硬い。果実は甘く、わずかに酸味があり、風味はまろやか。耐寒性が強い。

◆早生～中生品種（成熟期：6月下旬）

シエラ（Sierra）

ニュージャージー州立農業試験場の育成で、1988年の発表。

樹姿は直立性で、樹勢が強い。収量性は高い。果実は大粒で、果形は扁円。果粉が多く、果皮は青色。果柄痕は小さい。果肉は硬い。風味は優れる。日持ち性は良い。土壌適応性が広い。

ブルークロップ（Bluecrop）

ＵＳＤＡとニュージャージー州立農業試験場との共同育成で、1952年発表。

樹姿は直立性であるが、枝がしなるため、結実すると開張する。樹勢は中位。樹高は120～180㎝。収量性は安定して高い。果実は中粒から大粒。果形は円形から扁円形。果粉が多く、果皮は明青色。果柄痕は小さくて乾く。果肉は硬い。酸味はあるが、まろやかな香りがあり、風味は非常に良い。耐寒性が強い。土壌適応性がある。

ノーザンハイブッシュの標準品種とされている。

スパータン（NHb・早生）

ブルージェイ（Bluejay）

ミシガン州立農業試験場の育成で、

１９７８年に発表。

樹姿は直立性。樹勢が強く、樹高は２ｍを超える。収量性は中位。成熟期は揃う。果実は中粒で、果形は円形。果粉が多く、果皮は明青色。果柄痕の状態は良く、果肉は硬い。酸はやや多いが、風味は良い。裂果が少ない。日持ち性、貯蔵性が良い。耐寒性が強い。

ブルージェイ（NHb・早生～中生）

ハンナズチョイス（NHb・早生）

ブルーゴールド（NHb・中生）

シエラ（NHb・早生～中生）

レガシー（NHb・中生）

ブルークロップ（NHb・早生～中生）

◆中生品種（成熟期：７月上旬）

ブルーゴールド（Bluegold）

ニュージャージー州立農業試験場の育成で、１９８８年発表。

樹姿は直立性。樹高は低く１２０㎝程度。収量性は高い。果実は中粒。果形は円形。果皮は明青色。果柄痕は小さくて乾く。果肉は硬い。風味は非常に良い。日持ち性が良い。耐寒性が強い。

レガシー（Legacy）

ＵＳＤＡとニュージャージー州立農業試験場との共同育成で、１９９３年発表。

樹姿は直立性であり、樹勢は旺盛。樹高は成木で１８０㎝くらい。収量性は高い。果実は中粒。果皮は明青色。果柄痕の状態は優れる。果肉の硬さは中位。風味は優れる。土壌適応性が優れる。

◆中生～晩生品種（成熟期：７月中旬）

チャンドラー（Chandler）

ＵＳＤＡの育成で、１９９４年の発

表。

樹姿は直立性。樹勢は旺盛で、樹高は約180㎝。収量性は安定して高い。成熟期間は長く、5～6週間にも及ぶ。果実は大粒から特大。果皮は明青色。果柄痕は小さくて乾く。果肉の硬さは中位。風味は非常に優れる。耐寒性がある。

ブリジッタブルー（Brigitta Blue）

通常、ブリジッタと呼ばれている。オーストラリア・ビクトリア州農業省園芸研究所の選抜で、1977年に発表。

樹姿は直立性。樹勢は強い。収量性は安定して高い。収穫期間は比較的長い。果実は中粒～大粒。果皮は青色。果柄痕は小さくて乾く。果肉は硬く、パリパリした感じ。糖酸が調和して風味は良い。日持ち性、貯蔵性、輸送性はいずれも優れる。耐寒性は中位。

チャンドラー（NHb・中生～晩生）

◆晩生品種（成熟期：7月下旬）

オーロラ（Aurora）

アメリカ・パテント品種。ミシガン州立大学の育成で、2003年発表。

樹勢は強く、直立性。中位の結果枝の発生が多い。果実は中粒～大粒。果柄痕は小さくて乾く。果色は明青色で優れる。果実の硬さ、風味は秀でる。貯蔵性がある。非常に耐寒性がある。

サザンハイブッシュの品種

サザンハイブッシュ（SHb）の品種は、比較的自家結実しますが、結実率を高め、果実を大きくするために、混植が一般的です。

サザンハイブッシュは、ノーザンハイブッシュ、ラビットアイの品種とも他家結実します。

なお、サザンハイブッシュでは、休眠覚醒のために必要な低温要求時間の多少が、重要な品種特性です。

◆早生品種（成熟期：6月上～中旬）

サファイア（Sapphire）

アメリカ・パテント品種。フロリダ大学の育成で、1999年に発表。低温要求量は200～300時間。

樹姿は半直立性。樹勢はやや弱い。果皮は青色。果柄痕は乾く。果肉の硬さは良い。風味は特徴的で、酸味はあるが甘味が強い。

花芽の着生が非常に多いため、摘花《てきか》房《ぼう》が必要。

スター（Star）

アメリカ・パテント品種。フロリダ大学の育成で、1996年発表。低温要求量は400～500時間。

樹姿は半直立性。樹勢は中位。収量

性は中位。成熟期は6月中旬から始まる。果実は大粒から特大。果皮は暗青色。果柄痕の状態、果肉の硬さは秀である。風味は優れる。結果過多では、果実が小さくなる。

果実品質の点で、サザンハイブッシュとラビットアイの標準品種になっている。

ニューハノーバー（SHb・早生）

ブリジッタブルー（NHb・中生～晩生）

エメラルド（SHb・早生～中生）

サファイア（SHb・早生）

マグノリア（SHb・中生）

スター（SHb・早生）

ニューハノーバー（New Hanover）

ノースカロライナ州立大学の育成、2005年発表。低温要求量は600～800時間。

樹姿は半直立性。樹勢は非常に強い。自家結実性がある。果実は大粒で硬い。少し酸味があるが、風味は優れる。日持ち性は秀。

◆早生～中生品種（成熟期：6月下旬）

エメラルド（Emerald）

アメリカ・パテント品種。フロリダ農業研究所による育成で、2001年発表。低温要求量は200～300時間。

樹姿は半直立性。樹勢は良い。果実は大粒から特大、大きさは収穫期間中安定している。果皮は暗青色。果実は硬い。果柄痕の状態は秀。甘さと酸味が調和して風味が優れる。

◆中生品種（成熟期：7月上旬）

マグノリア（Magnolia）

USDA小果樹研究所（ミシシッ

ピー州ポプラビレ市）による育成。1994年の発表。低温要求量は約500時間。

樹姿は開張性。樹高は中位。樹勢は成木樹では強い。収量性は高い。果実は中粒～大粒。果皮色、果肉の硬さ、風味はいずれも良い。果柄痕は小さい。

◆中生～晩生品種（成熟期：7月中旬）

オザークブルー（Ozarkblue）

アメリカ・パテント品種。アーカンソー州立大学の育成で1996年の発表。低温要求量は800～1000時間。

樹姿は半直立性であり、樹勢は中位。収量性は安定して高い。果実は大きく、果皮は明青色。果柄痕の状態、果肉の硬さ、風味は、いずれも極めて優れる。

耐霜性、耐寒性が強く、花芽はマイナス20℃くらいまで耐えられるため、ノーザンハイブッシュ地帯でも栽培できる。

オザークブルー（SHb・中生～晩生）

ラビットアイの品種

ラビットアイ（Rb）の品種は、ほとんど共通して自家結実性が劣ります。このため、まず、同一園に異なる品種を植えつけ（混植）、次に、十分な他家受粉が行われるようにするため、開花期間中は、訪花昆虫を放飼する結実管理が重要です。

◆極晩生・前期（成熟期：7月下旬～8月上旬）

ブライトウェル（Brightwell）

ジョージア州沿岸平原試験場とUSDAとの共同育成で、1981年に発表。

樹姿は直立性で、樹形が中位。樹勢は旺盛。収量性は非常に高い。果実は大粒。果形は扁円～円形。果皮は明青色。果肉の硬さは良。果実中の種子数が多い。果柄痕は小さくて乾く。風味は良好。

現在、ラビットアイの中心品種になっている。

モンゴメリー（Montgomery）

ノースカロライナ州立大学による育成で、1997年発表。

樹姿は半直立性。樹勢は中位。収量性は安定して高い。果実は中粒～大粒。果皮色、果柄痕の状態は良い。果実の硬さは中位。香気があり、風味が優れる。日持ち性が良い。

◆極晩生・中期（成熟期：8月上旬～中旬）

コロンバス（Columbus）

ノースカロライナ州立大学による育成。2002年に発表。低温要求量は400時間以上。

樹姿は半直立性。樹勢が強い。収量性は高い。果実は特大。果色は優れる。果実の硬さはいくぶん軟らかい。果柄痕の状態は中位。香りがあり、風味は非常に良い。日持ち性が良い。

パウダーブルー（Rb・極晩生＝中期）

ブライトウェル（Rb・極晩生＝前期）

オクラッカニー（Rb・極晩生＝後期）

オンズロー（Rb・極晩生＝後期）

パウダーブルー（Powderblue）

ノースカロライナ州立農業試験場とＵＳＤＡとの共同育成で、1975年に発表。低温要求量は450～500時間。

樹姿は直立～開張性。収量性は高い。果実は中粒。果皮は明青色。果柄痕は小さくて乾く。果肉が硬い。風味は良い。裂果が少ない。

◆極晩生・後期（成熟盛期：8月中～下旬）

オクラッカニー（Ochlockonee）

アメリカ・パテント品種。ジョージア州沿岸平原試験場とＵＳＤＡとの共同育成で、2002年に発表。

樹姿は直立性。樹形は中位。樹勢は強い。収量性は「ティフブルー」よりも高い。果実は中粒～大粒。果皮は明青色。果肉は硬い。果柄痕は小さくて乾く。風味は優れる。日持ち性は良い。裂果に抵抗性がある。

オンズロー（Onslow）

ノースカロライナ州立大学による育成で2001年に発表。

樹姿は直立性。樹勢は強い。果実は大粒。果皮は中位の青色。果柄痕の状態、果肉の硬さが秀でる。完熟果では香気があり、風味が良い。貯蔵性は優れる。土壌適応性は広く、また耐寒性がある。裂果に抵抗性がある。

栽培ブルーベリーの誕生と発展

栽培ブルーベリーは、20世紀の初めUSDA（アメリカ連邦農務省）の育種計画によって誕生した、いわゆる「20世紀生まれ」の果樹です。

栽培ブルーベリーは、どうしてアメリカで生まれたのか？　ここでは、まず栽培ブルーベリー誕生の背景、次にアメリカにおける品種改良の歴史について簡単に紹介します。さらに、日本におけるブルーベリー栽培の発展過程と特徴について概観します。

栽培ブルーベリー誕生の背景

ブルーベリーとアメリカ人

ブルーベリーは、アメリカ人にとって「命の恩人」と呼ばれるほど特別な思いが込められた果樹です。

その理由は二つあります。一つは、ブルーベリーはアメリカ原産であり、野生の果実は、古くから先住民によって食されていたことです。

もう一つは、アメリカ建国の祖であるヨーロッパからの初期の移住者が、先住民から分けてもらった野生ブルーベリーの乾燥果実やシロップなどのおかげで、上陸した北東部の厳しい冬の寒さや病気から身を守り、飢えをのり越えることができたことによる、といわれています。

「栽培ブルーベリーの生みの親」として尊敬されているUSDAの育種研究者コビル（左）と協力者ホワイト女史（1920年代）

栽培ブルーベリーの誕生

前述のような背景から、新たにブルーベリー産業を起こし、発展させる目的のもとに、1906年、USDAが野生種の栽培化と品種改良（特にノーザンハイブッシュ）に着手しました。

以後、品種改良（育種計画）は国家的事業として行われ、現在まで100年以上にわたって続けられています。

アメリカの品種改良の歴史

交雑品種第1号

当初の育種目標は、特に樹勢が強くて土壌適応性があり、収量性が高い、果実が大きい、果皮が硬い、風味が良い、日持ち性のある品種の育成でした。

そこで、有望な形質の野生株が圃《ほ》場《じょう》に移植され、選抜されました。その一つに、ニュージャージー州で野生株から選抜された「ルーベル」があります。同種は、現在でも栽培されています。

形質の良い野生株の交雑から、１９２０年、宿願の交雑品種第１〜３号である「パイオニア」、「カボット」、「キャサリン」が発表されました。栽培品種の誕生です。１９１２〜13年の交雑から7〜8年後のことでした。

それ以降は、これらの品種と野生株からの選抜種との交雑、あるいはその後に育成された品種間に交雑が繰り返され、新品種が育成されてきました。

新しいタイプの開発

１９２０年代の後半から30年代には、ノーザンハイブッシュの「ジャージー」、「ウェイマウス」、「デキシー」など、樹と果実形質がともに優れた品種が育成されたことから、栽培の気運が高まったようです。

１９４０年代になり、それまで北東部に限られていた栽培を、南部や中西部に広げることが育種目標に加わりました。同時に、各地の州立大学でも育種研究の体制が整い始めました。こうして生まれたのが、ラビットアイ（１９４９年、新品種「キャラウェイ」と「コースタル」を発表）、ハーフハイハイブッシュ（１９６７年、「ノースランド」を発表）、およびサザンハイブッシュ（１９７２年、「シャープブルー」を発表）の三つのタイプです。

現在の品種改良の開発拠点

現在、アメリカにおける品種改良、

ルーベル。野生株からの選抜種

パイオニア。ハイブッシュ交雑品種第１号

ジャージー。1928年発表の代表的品種

シャープブルー。サザンハイブッシュの交雑品種第１号で、現在も栽培されている

樹や果実の生理、病気や害虫の生態、栽培技術の研究開発は、USDAに加えて主要なブルーベリー生産州の州立大学（農業試験場）で行われています。

州立大学によって対象とするブルーベリーのタイプが違います。北東部のニュージャージー州では主にノーザンハイブッシュが、南東部のノースカロライナ、ジョージア、アーカンソー、フロリダの各州では主としてラビットアイとサザンハイブッシュの品種改良が行われています。中西部のミシガンとミネソタ州では、ノーザンハイブッシュとハーフハイハイブッシュです。

今日、日本も含めて世界各国で栽培されている品種は、ほとんどがUSDAと主要な生産州の州立大学で育成されたものです。

USDAのブルーベリー育種圃場。実生苗を植えつけている

日本での導入、栽培普及

ブルーベリーが日本の公立機関に初めて導入されたのは、1951年（昭和26年）でした。当時の農林省北海道農業試験場が、アメリカ・マサチューセッツ州立農業試験場からノーザンハイブッシュ数品種を導入し、試作したのが始まりです。

それ以降、幾多の苦難をのり越え、全国各地に特産地が形成されてきましたが、2012年には、全国の栽培面積が1100haを越え、特産果樹のトップの座に着くまでに発展しています（農林水産省 2015年 ホームページ）。

「日本のブルーベリーの父」として尊敬されている故・東京農工大学教授の岩垣駛夫博士（写真中央・1970年代初め）

栽培普及の過程

1960年代は、導入品種が日本の気象条件、土壌条件の下で、成長の良否を見る、いわゆる品種特性の調査が中心でした。このため、実際の栽培試験までは進まず、栽培普及の進展も遅くなりました。全国の栽培面積が1haになったのは、1971年（昭和46年）のことでした。

1980年代半ばから急激に普

及　本格的な広がりはさらに遅れ、1983~84年ころからで（1982年の栽培面積は約22ha）、10年後の1991年には、全国の栽培面積は約183haになっています。いわゆる第1次ブルーベリーブームといわれたころで、当時は稲作転換が推進され、農業者に新たな作目が求められていたのです。

図5　ブルーベリー栽培面積および生産量の推移

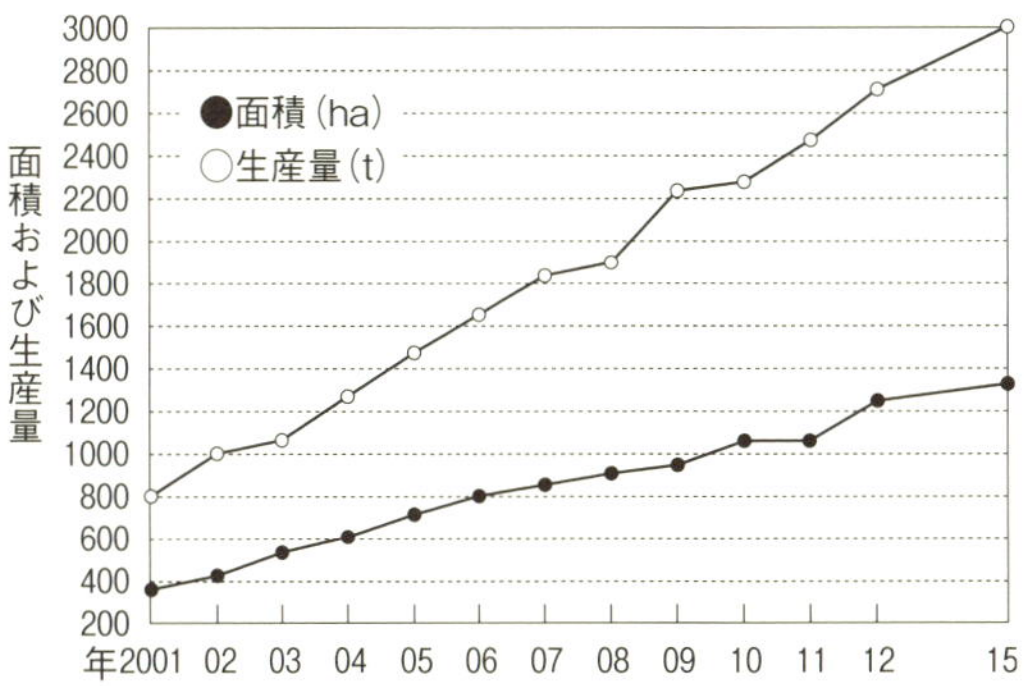

（農林水産省2013. http://www.maff.go.jp）
2013、2014年の統計値はまだ発表されていなく、2015年は筆者の推定値

1990年代の増加の傾向　1990年代の半ば、一時、停滞期を迎えます。しかし、ブルーベリー果実の機能性が注目されるようになって消費者の関心が高まった結果、栽培面積が増加の傾向に転じました。

また、果実が大きい、風味が良い、日持ち性が良いなどの新品種が各地で栽培され始め、摘み取り客の評価が高まったことも面積増加の大きな要因でした。

21世紀に入っても発展　ブルーベリー栽培は、21世紀に入ってからも発展を続けています。2001年には、全国の栽培面積は358ha、果実生産量は792tでしたが、2005年には、それぞれ698ha、1461tに増大しています。さらに、2012年になると、栽培面積は1120haを超え、生産量は約2700tに達しています。

2015年には、栽培面積が1300ha、果実生産量は3000tに達していると推測されます（図5）。

日本での栽培・経営の特徴

現在、日本では、地域の気象条件に合ったタイプと品種を選んで、北海道から沖縄まで栽培されています。

各地の経済栽培園の事例から、日本のブルーベリー栽培・経営の特徴をつかむことができます。

栽培上の特徴

①タイプと品種数が多い　日本では、多くの地域で、三つのブルーベリーのタイプが栽培できます。例えば、関東南部の観光農園では、摘み取り期間を長くとるために、ノーザンハイブッシュ、サザンハイブッシュ、ラビットアイのタイプで、極早生から極晩生まで10品種以上も組み合わせた栽培が一般的です。

②成熟期が梅雨と重なる　日本では

北海道を除いて梅雨があり、ノーザンハイブッシュとサザンハイブッシュの成熟期は、梅雨の期間です。

このため、梅雨期間中の降水、曇天による日照不足、高い空中湿度などが、良品質な果実を生産する上で大きな障害となっています。

③好適な土壌が少ない　ブルーベリーの成長に好適な土壌は、砂質性で有機物含量が多く、通気性・通水性、保水性がともに良い強酸性土壌です。

日本の場合、火山灰土壌で腐蝕の多い黒ボク土では、樹の成長は良好です。しかし、褐色森林土や赤黄色土、水田転換土壌は粘質で排水性が悪いため、相当規模の土壌改良を行った上でなければ、成功的な栽培は困難です。

表2　日本のブルーベリー消費量（冷凍果は除く）

年	国内産のブルーベリーの収穫量（t）[1]（比率）[3]	ブルーベリー（生果）の輸入量（t）[2]（比率）[3]	消費量（t）（比率）[3]
2001	792（100）	1182（100）	1974（100）
2003	1053（133）	1526（129）	2579（131）
2005	1461（184）	1641（139）	3102（157）
2007	1808（228）	1243（105）	3051（155）
2009	2300（290）	1225（104）	3525（179）
2011	2800（354）[4]	1833（155）	4633（235）

1）農林水産省　2012. http://www.maff.go.jp/
2）財務省　2012. http://www.customs.go.jp/
3）2001年の実績を100とした場合の比数（伸び率）
4）筆者の推定

経営上の特徴

①観光農園経営が多い　日本では、全国的に観光農園経営が主流です。果実はスーパーマーケットなどで市販はされているものの、顧客の摘み取りによる直売を中心にしながら、土産品やネットによる販売が一般的です。

観光農園の最大の長所は、果実の風味や栄養面で、最高の状態の果実を、摘み取り客に提供できることです。

②年間を通して海外産果実が流通　**表2**に示すとおり、２０１１年以降の日本のブルーベリーの生果消費量は伸びています。生果の販売時期は、国内産は4～9月ですが、海外産は、夏季には主にアメリカとカナダから、冬季（国内産の端境期）はチリ、アルゼンチン、メキシコ、ニュージーランドなどの南半球の国々からの輸入です（財務省２０１２ホームページ）。

なお、スーパーでは、ブルーベリー生果や冷凍果が年間を通して販売されています。

また、国内で販売されている各種加工品は、アメリカやカナダ産のワイルドブルーベリーの冷凍果に加えて、海外産の栽培ブルーベリーの冷凍果を原料としています。

このような状況は、国内産果実の供給量が、生果でも冷凍果でも、日本全体の消費量を満たしていないことを示しています。さらに、日本のブルーベリー栽培と果実消費が、すでに国際競争の中に組み込まれていることも示しています。

第2章

ブルーベリーの栽培管理の基本

旺盛な徒長枝などを剪定し、樹形を管理（9月）

良果多収のブルーベリー栽培に成功するためには、まず初めにブルーベリー樹の一生と成長周期を理解し、十分に立地条件を検討し、さらに適切な品種を選定した上で植えつけなければなりません。植えつけ後は、各種の管理を長年にわたって、適期に行う必要があります。この章では、まず樹の成長周期と管理作業との関係について要約しします。また、開園準備と植えつけから整枝・剪定、土壌管理、施肥、生育過程と果実成熟、収穫・出荷・貯蔵、気象災害、病害虫の防除、鳥獣害対策など、一連の栽培管理と作業について要点を述べます。さらに苗木の養成、施設栽培、鉢・プランター栽培についても取り上げます。

樹の一生と1年の成長周期

ブルーベリー樹を健全に育て、おいしい果実を生産するために行う各種の栽培管理（作業）は、樹の一生の成長段階と1年の成長周期から判断して行います。

各種の栽培管理は、樹体の生理作用と密接に関係しています。

樹の一生と成長段階

ブルーベリー樹の一生は、芽（枝）、葉、根などの諸器官が、春夏秋冬の四季に応じた生理的、形態的変化を、長年にわたり積み重ねた結果です。

樹の一生は、幼木期、若木期、成木期（盛果期）、老木期の四つの成長段階に大別できます。成長段階によって樹の生理と形態に特徴があり、栽培管理にも違いがあります（**図6**）。

幼木期

ブルーベリー栽培では、2年生苗木（鉢上げ後1年間養成）の植えつけ後2～3年間を幼木期といい、この期間の樹を幼木といいます。

幼木は、根の伸長範囲が狭くて浅く、また、枝の数が少なくて樹の骨格の形成が不十分です。このため、幼木期の管理は、主に根の伸長を促すために行い、なかでも有機物マルチ（地面に敷いて水分の蒸発を防いだり、雑草を抑止したりするためのもの）、灌水、施肥、除草などが重要です。

ブルーベリーは、幼木でも花芽を着けます。そのまま開花、結実させると、樹勢が弱まり、枝の伸長が極度に抑えられます。植えつけ後1～2年は花芽を摘み取り、摘花房《てきかぼう》して結実させません。

幼木。植えつけ2年目で、まだ樹の骨格が形成されていない

若木期

植えつけ後の3～5年を若木期といい、この期間の樹を若木《わかぎ》といいます。

若木期は、樹形の拡大をはかりながら、結実させる段階です。樹形の拡大のためには、幼木期と同様に根や枝葉の成長を盛んにしつつ、できるだけ短年月のうちに樹形、樹冠を完成させる管理が必要です。

一方、ある程度結実させ収穫するために、整枝・剪定、受粉、摘花房（果房）などの諸管理が必要です。なかで

図6　栽培ブルーベリーの樹齢と樹姿（冬季剪定後）

樹齢　1 ⟶ 3 ⟶ 6・7 ⟶ ～ ⟶ 25～30　・　25～30

- •幼木期
  苗木の植えつけから2～3年
- •若木期
  （結果開始）
- •成木期（盛果期）
  樹形が整い、収量および品質がほぼ一定になる
- •老木期
  樹は老衰して樹勢が弱まり収量も減少
- •若返り更新
  •品種更新

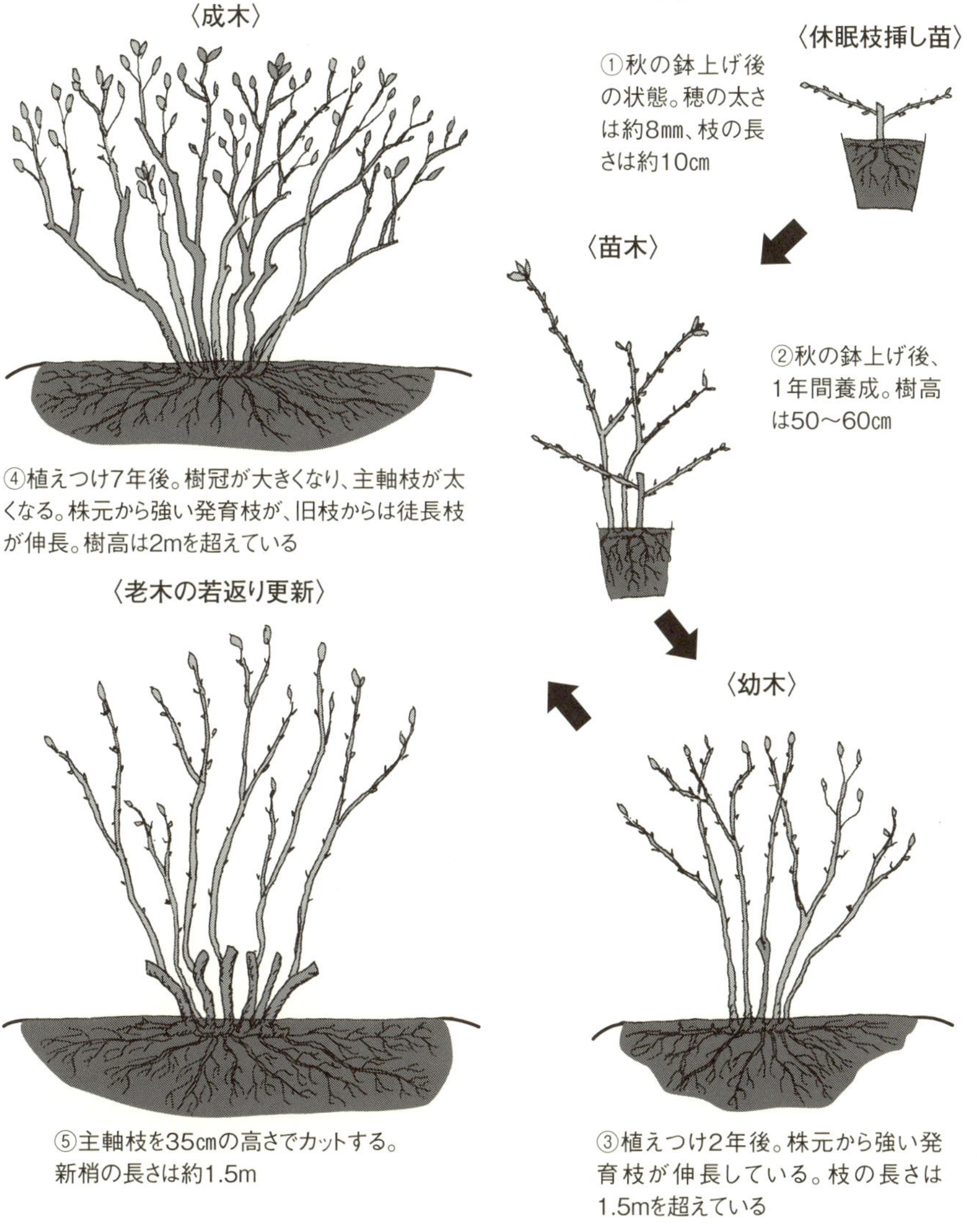
〈成木〉
〈休眠枝挿し苗〉
①秋の鉢上げ後の状態。穂の太さは約8㎜、枝の長さは約10㎝
〈苗木〉
②秋の鉢上げ後、1年間養成。樹高は50～60㎝
④植えつけ7年後。樹冠が大きくなり、主軸枝が太くなる。株元から強い発育枝が、旧枝からは徒長枝が伸長。樹高は2mを超えている
〈老木の若返り更新〉
〈幼木〉
⑤主軸枝を35㎝の高さでカットする。新梢の長さは約1.5m
③植えつけ2年後。株元から強い発育枝が伸長している。枝の長さは1.5mを超えている

も重要なのは、摘花房（果房）を行って、1樹当たりの果実数を制限することです。果実を着け過ぎると、養分競合から枝の伸長が抑えられるため、成木期に達する樹齢が遅れます。

成木期

樹齢の経過とともに主軸枝が充実し、新梢の伸長も盛んになって樹形が大きくなり、樹高は1・5～1・8m、幅が2・5～3・0mになります。樹冠の拡大に合わせて着果量が多くなりますが、全体として収量と品質が安定してきます。この時期を成木期といい、この期間の樹を成木といいます。

成木期は、通常、植えつけ後6～7年から20～25年までです。しかし、成木期間の長さは、タイプ（種類）や品種、土壌条件のほか、灌水、有機物マルチ、施肥、剪定などの栽培管理によって大きく異なります。

老木期

樹齢を重ねると、樹はしだいに老化して新梢があまり伸びなくなり、また花芽数は増えても結果量は減少するようになります。このような状態が老木期の特徴で、一般的に植えつけ後26～30年にあたります。この時期にある樹を老木といいます。

若木。植えつけ4年目。樹形がようやく整い始めている

成木。植えつけ6～7年以降。樹高1.5～1.8m、幅2.5～3mで、樹冠が拡大

老木。新梢があまり伸びなくなり、結果量はしだいに減少するようになる

老木を若返らせるためには、生殖成長を抑え、栄養成長を盛んにする管理が必要です。そのためには、摘花房（果房）をして着生花房（果房）を減らし、一方では、強い剪定によって枝葉の成長を盛んにします。また、根群域の土壌改良や深耕をして、新根の発生を促します。

しかし、このような樹の若返り策をとってもよいのは、土壌条件に特別な問題がなく、その上、樹および果実形質が優れている品種に限られます。

1年の成長周期と栽培管理

季節と成長

ブルーベリー樹の1年の成長周期は、52～53頁の栽培カレンダー（**図7**）に示しているとおり芽（枝）、葉、花、果実などの諸器官が、春夏秋冬の変化、すなわち四季の気象条件に対応している姿です。

四季ごとの変化は、関東南部では次のように観察されます。

花芽の開花

春季（3～5月）

3月になってしだいに気温が上がってくると、花芽は休眠から覚醒してふくらみ、萌芽して、4月上旬に開花します。

開花後は、受粉・受精が順調に進むと結実し、幼果は肥大を始めます。

新梢（春枝）は、開花始めのころに展葉します。その後は、急激に伸長して葉数を増やしていきます。

果実の成熟一番乗り（ウエイマウス＝NHb）

夏季（6～8月）

夏になると、新梢伸長は緩やかになるか止まって、枝上の先端葉が展開します。それ以降、葉で生成された光合成産物の多くは果実に送られるようになり、果実の肥大・成熟が急速に進みます。

成熟期は品種によって異なりますが、タイプとグループを組み合わせれば、夏の間中の収穫が可能です。なお、6月上・中旬～7月中・下旬は、北海道を除く多くの地域が梅雨期にあたります。

伸長を止めた春枝上では、盛夏（7月）から初秋にかけての期間中、翌年に開花・結実するための花芽が分化しています。

成熟期（収穫期）を過ぎると、葉による光合成産物は、樹勢の回復と翌年の成長のために、主軸枝や枝、根に蓄積されるようになります。

秋季（9～11月）

初秋（9月）、枝上の葉は緑色で、光合成活動を盛んに営んでいます。秋

1年の樹の生育過程、成長、および主要な管理)

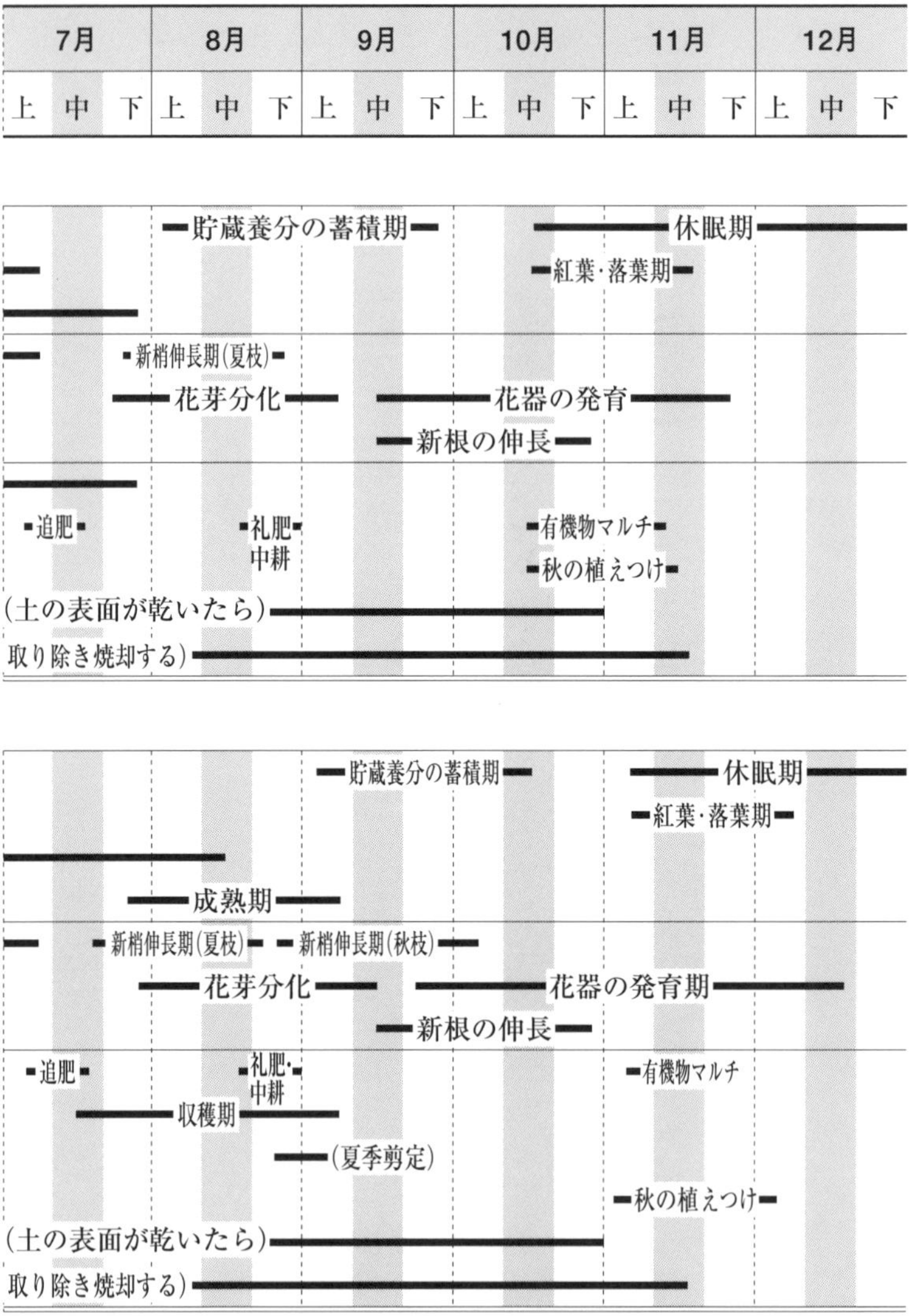

25.8	27.4	23.8	18.5	13.3	8.7
154	168	210	198	93	51

図7　ブルーベリーの栽培カレンダー（普通栽培の場合の

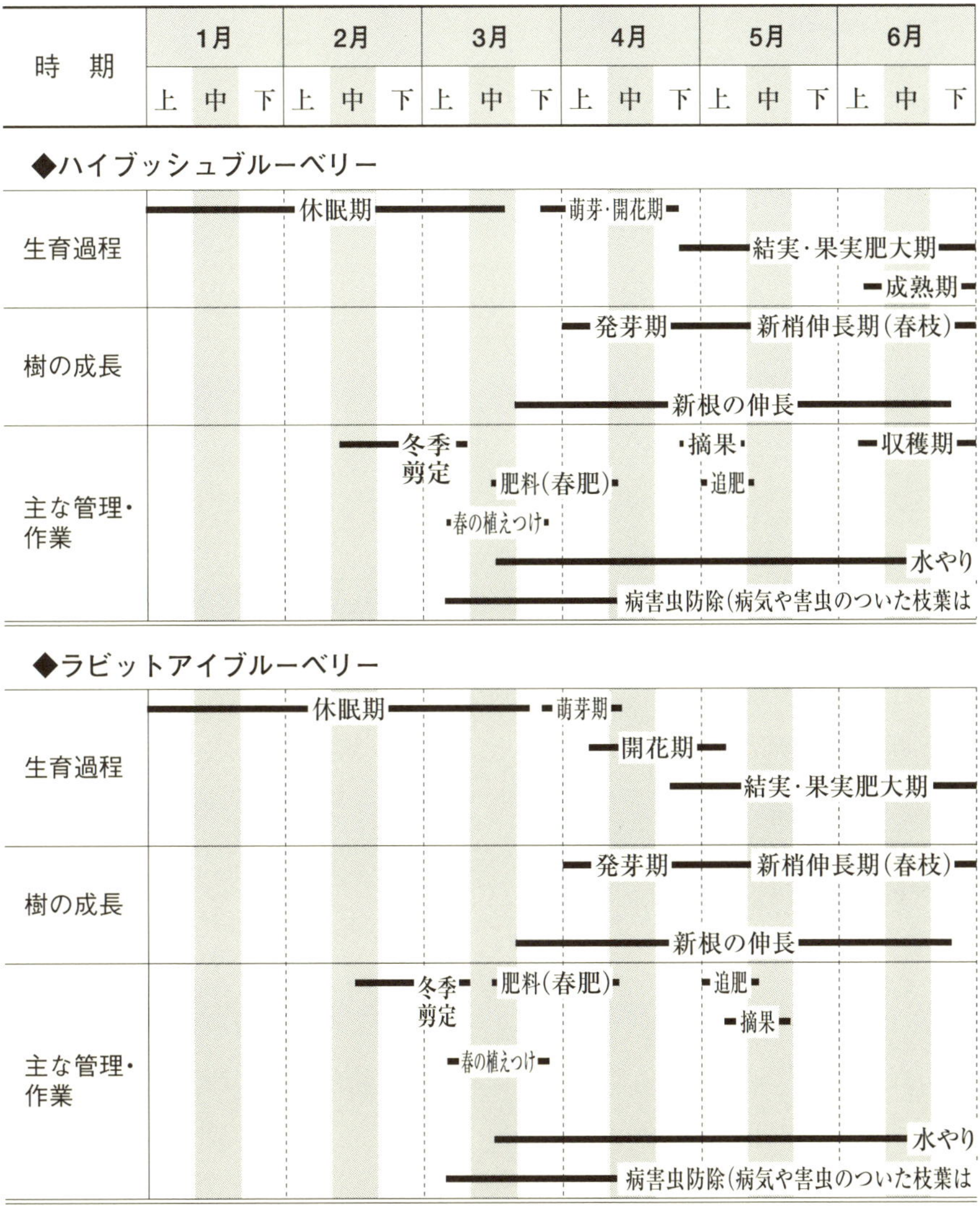

●各月における平均気温および平均降水量

気温（℃）	6.1	6.5	9.4	14.6	18.9	22.9
降水量（mm）	52	56	118	125	138	168

注：①栽培カレンダーは関東南部、関西の平野部を基準としている
　②東京の平均気温を基準としている
　③国立天文台編『理科年表2014』をもとに作成

が深まり気温の低下が進むと紅葉し、芽は鱗片葉《りんぺんよう》または芽鱗《がりん》に包まれた休眠芽を形成します。

晩秋（11月）になると、多くのノーザンハイブッシュの品種は、落葉して冬季を迎えます。なお、暖地を好むサザンハイブッシュでは、品種によって緑葉を着けたまま年を越します。

冬季（12～2月）

冬になって落葉した樹は、根の活動も抑えられています。この時期は、厳しい低温に耐える自発休眠から他発休眠の状態にあります。

気温の低下が進むにつれ、紅葉

冬季に落葉。根の活動も抑えられている

樹体の生理と管理作業

各種の栽培管理は、樹体の生理と密接に関係しています。両者の関係は、次のように要約できます。

光合成活動を効率よく最大限にする管理　剪定、摘花（花房、果房）、灌水、施肥、特に葉に害を及ぼす病気・害虫の防除および気象災害の対策。

結実、肥大を良くする管理　受粉、摘花（花房、果房）、灌水、施肥。

栄養成長と生殖成長のバランスを取り、養分を芽や花、果実に集中させる管理　剪定、摘花（花房、果房）。

根が適度に成長して健全に機能する環境を整える管理　土壌改良、有機物マルチ、施肥、灌水、除草、中耕、深耕など。

ブルーベリーの栽培カレンダー

樹の1年の成長過程と主要な栽培管理（作業）との関係を、普通栽培のノーザンハイブッシュとラビットアイについて整理してみます。

萌芽・開花期から結実・果実肥大期、成熟期、さらに養分蓄積期、休眠期といった生育過程を観察することができます。

また、各月における平均気温、および平均降水量についても栽培カレンダー下部にあげておきます。

栽培にあたっての立地条件

いったん植えつけられたブルーベリー樹は、同じ場所で、長年にわたって成長することになります。そのため、立地条件（園地の選定）の良否は、樹の成長を大きく左右し、ひいては園の経営の成否を決定します。

　立地条件は、大きくは気象条件と土壌条件に分けられます。

栽培の適地とは

　適地とは、気象、土地（土性、土質、地形など）の立地条件および経済上の条件が、特定の作物の栽培、貯蔵、販売にとって好適であり、生産力および生産性が高い土地をいいます。

　適地には、絶対的適地と比較的適地の二つあります。

　絶対的適地とは、その作物の栽培条件に気象、土地の自然的条件が完全に適合する場合をいいます。

　もう一つの比較的適地とは、その土地の自然、経済的条件が必ずしもある作物の栽培に好適ではないが、他作物を栽培するよりは適している場合です。

　現在、日本では、アメリカの気象、土壌条件の下で育成された品種を栽培しています。このため、ほとんどのブルーベリー栽培地帯（地域）は、比較的適地に区分されるといえます。

　なお、経済条件とは、栽培労力の提供、生産物の輸送、販売市場（消費地）、加工工場などとの関係を示します。

気温などの気象条件

表3　ブルーベリー栽培地（都市）の気象条件

都市	平均気温（℃）			最寒月の日最低気温の平均（℃）		最暖月の日最高気温の平均（℃）	
	年	成長期	休眠期				
札幌	8.9	15.6	−1.0	1月	−7.9	8月	26.4
盛岡	10.4	16.7	1.2	1月	−5.6	8月	28.3
東京	16.3	21.6	8.8	1月	2.5	8月	31.1
長野	11.9	18.6	−4.1	1月	−4.3	8月	30.5
名古屋	15.8	21.8	7.5	1月	0.8	8月	32.8
福岡	17.0	22.3	9.4	1月	3.5	8月	32.6
鹿児島	18.6	23.7	11.5	1月	4.6	8月	32.5

（国立天文台編『理科年表 2014』）

気象条件のうち、樹の成長、果実収量、品質を大きく左右する要因は、気温（月別平均、休眠期、成長期と最寒月の気温）、月別（旬別）降水量、無霜期間、日光などです（**表3**）。

成長期の気温

　成長期（通常、4～10月）の気温は、開花、枝梢の伸長、果実の成長と成熟などに必要かつ十分なだけ、一定量以上の温度が確保される必要があります。

　気温には、月別平均気温、最高・最低気温があり、いずれも低くても高過ぎても、樹の成長や果実品質に影響を及ぼします。例えば、成熟期の夜間の最低気温が18～20℃以上である地域では、ノーザンハイブッシュの果実品質が劣るといわれています。

　また、春季の気温が比較的高く推移した年には開花期が早まり、また夏季の気温が高く推移した場合には成熟期が早まることなども、栽培経験上よく知られています。

休眠期のブルーベリー園地

冬季（休眠期間中）の気温

　冬季の温度は、まず樹が枯死しない程度であることが重要です。冬季の低温が厳しい地帯では、芽や枝に障害をもたらすからです。

　一方、冬季の低温は休眠と関係しているため、低温不足により休眠覚醒が十分でないと、花器の形成や結実が不良となります。このため、冬季の低温は、自発休眠が打破されるのに必要十分な温度でなければなりません。特に12～2月に、一定の低温時間に遭遇する必要があります。

休眠

　休眠とは、植物体全体あるいは特定の器官（花芽、葉芽）が生理的または環境要因（外的条件）によって、生理活性が低下し、生育が停止した状態をいいます。このような状態にある期間を休眠期といいます。

　休眠には大きく二つあります。

　一つは、温度、光、湿度などの外的条件をその植物が自然に生育する時期と同様にしても成長が起こらない自発休眠です。もう一つは、自発休眠が解除されても外的条件が生育に不適であれば、そのまま休眠を続ける他発休眠です。

低温要求量

　自発休眠の覚醒（解除）に必要な低温遭遇期間を自発休眠期間といい、低温量を低温要求量といいます。低温の範囲は、一般的には、１～７・２℃の範囲とされていますが、タイプ、品種、芽の種類などによって異なります。

　タイプ別で見ると、低温要求量（時間）は、ノーザンハイブッシュが８００～１２００時間、サザンハイブッシュが４００時間以下、ラビットアイが４００～８００時間です。ハーフハイハイブッシュの低温要求量は明らかではありません。

耐寒性

耐寒性とは、作物体の凍結が起こる寒さに対して、生存できる性質をいいます。

タイプ、品種と耐寒性

耐寒性は、タイプや品種によって違います。例えば、長野県と北海道で冬季にマイナス10～12℃になる地域での観察では、ノーザンハイブッシュには何ら障害がなく、ラビットアイには凍害が発生して枝が枯れ、その後、樹体の維持が困難でした。

このような観察結果を踏まえ、日本では、冬季の最低極温がノーザンハイブッシュでマイナス20℃以下、サザンハイブッシュとラビットアイでマイナス10℃以下にならない所が望ましいとされています。

品種によって耐寒性に違いがありますが、ここでは省略します。詳しくは、第1章の「主要品種の成熟期と特徴」の節で、品種特性として記しています。

芽の種類と耐寒性

一般的に、葉芽は花芽よりも耐寒性があります。ノーザンハイブッシュの「アーリーブルー」では、花芽はマイナス29℃で枯死したものの、葉芽は障害を受けず、マイナス34℃で枯死したことが報じられています（ビッテンベンダーとハウエル 1976）。

表4　ブルーベリー栽培地（都市）の気象条件

都市	降水量（㎜）			果実の成熟期間中の日照時間（h）				霜（月/日）	無霜期間 生育期間（日）
	年	成長期	休眠期	6月	7月	8月	9月	初霜～終霜	
札幌	1107	606	501	187.8	164.9	171.0	160.5	10/22～4/24	183
盛岡	1266	923	343	154.0	128.5	149.1	180.3	10/18～5/4	171
東京	1529	1160	369	123.2	143.9	175.3	117.8	12/20～2/20	302
長野	933	683	250	165.2	168.8	204.3	141.7	10/28～4/28	183
名古屋	1535	1175	360	149.9	164.3	200.4	151.0	11/22～3/26	245
福岡	1612	1215	397	149.4	173.5	202.1	162.8	12/12～3/10	279
鹿児島	2266	1733	533	121.8	190.9	206.2	176.7	12/10～3/1	281

成長期は4～10月、休眠期は11～3月
（国立天文台編『理科年表　2014』）

月別降水量

降水は、樹の成長に必要な水分の第一の供給源であり、その過不足は樹の成長、果実品質などに大きく影響します（表4）。

成長期における望ましい要水量

樹の成長期間中および果実の成熟期間中に必要な水量（ここでは要水量とした）は、土壌条件、樹齢などによりますが、1週間に25～50㎜とされています。この量は、1か月では100～200㎜、4～10月までの成長期間全体では、700～1400㎜となります。

日本の梅雨

日本では、北海道を除いて梅雨があ

り、関東南部では、例年、６月上旬～７月中下旬までがその期間です。ノーザンハイブッシュとサザンハイブッシュでは、ちょうど成熟期（収穫期）にあたります。

梅雨の間は、通常、灌水を必要としません。むしろ、曇天、日照不足、高い空中湿度、過剰な土壌水分などは、風味の良い果実生産には望ましくない条件です。

また、梅雨は、収穫や選果作業の遂行に支障をきたし、さらに収穫果の品質劣化を早めるなど、良果の生産に良くない影響を及ぼしています。

梅雨の時期が成熟期にあたる

無霜期間

晩霜から初霜までの無霜期間は、成長可能日数と呼ばれ、栽培適地を決定する要因の一つです。

生育可能日数は、ノーザンハイブッシュでは１６０日以上、ラビットアイで２００日以上が必要とされています。

一般に、無霜期間の短い地域は秋の訪れ（気温の低下）が早いため、ノーザンハイブッシュでも成熟期が遅い晩生品種の成功的な栽培は難しいとされています。

日光

果樹は、日光のエネルギーを利用して有機化合物（炭水化物）を合成しています。すなわち、光合成は、樹自体の成長の可否はもちろん、栽培の目的である果実収量、品質を決定する基本的な生理代謝です。

その実例は、実際栽培園でも見られます。例えば、夏季に晴天に恵まれた年には、葉の光合成活動が盛んになって果実の風味が良くなることや、同一樹でも日光のよく当たる枝の果実は、日蔭の枝よりも早期に成熟し、風味の良いことなどです。

気象条件と栽培地域

全国各地の栽培事例から、主要な気象要因と成功的に栽培されているブルーベリーのタイプとの関係を知ることができます。

ノーザンハイブッシュ

このタイプは、休眠覚醒のために必要な低温要求量（時間）が多いため、栽培適地は、休眠期間中（通常、12～２月）に、１～７・２℃の低温時間が８００～１２００時間確保できる所です。

北海道中部から東北、関東、甲信越、北陸、東海・近畿地方の比較的夏季が冷涼な地帯、中国山地、さらに九州の少し標高が高い地帯にかけての広い地域で栽培されています。

サザンハイブッシュ

サザンハイブッシュは、低温要求量が少ないため、ノーザンハイブッシュの栽培が困難な冬季が温暖な地帯でも栽培できます。

広い地域で栽培されるノーザンハイブッシュ

そのため、栽培地域は、東北南部以南から関東、甲信越、北陸、東海、近畿、中国、四国、九州、沖縄です。

ハーフハイハイブッシュ

このタイプは、樹高が低く耐寒性も強いため、冬季に積雪があり、また低温が厳しい地域でも栽培できます。

北海道北部から東北北部が適地で、ノーザンハイブッシュとの混植が一般的です。

ラビットアイ

ラビットアイは、低温要求量がノーザンハイブッシュより少なく、サザンハイブッシュよりも多い傾向にあるのが特徴です。

粘質な土壌でも良好な生育を示すラビットアイ

主に、東北南部から関東、北陸、東海、近畿、中国、四国、九州にかけて栽培されています。

栽培地の土壌条件

土壌は、樹が根群を伸長させ、養水分を吸収する場所です。したがって、土壌条件の良否は、樹の成長、果実収量と品質を大きく左右します。

ブルーベリーの根は、他の果樹と異なって根毛を欠き、繊維根で、浅根性です。また、成長は酸性土壌で優れます。このため、通気性・通水性が悪い、緻密な土壌、pHが高い土壌では、根の成長は著しく劣ります。

土性

土性《どせい》は、砂（粗砂、細砂）、シルト

（砂と粘土との中間の細かさの土）、粘土の三つの成分の百分率から示され、土壌の物理性と化学性に深く関係しています。

すなわち、砂土《さど》（砂85％以上、粘土5％以下）では、土壌の透水性と排水、通気、根の伸長が優れ、埴土《しょくど》（軽埴土の場合、砂10～55％、微砂であるシルト0～5％、粘土25～45％）で劣っています。逆に、保水性と陽イオン（正に荷電した原子または原子団）交換は、埴土で優れています（**表5**）。

表5　土性による土壌物理性および土壌化学性の相違

特性	土性区分			
	砂土	シルト	埴土	壌土
透水性	良（早い）	中	劣（遅い）	中
保水性	劣（低い）	中	良（高い）	中
排水	優	良	劣	良
受食性＊	易	中	難	中
通気	優	良	劣	良
陽イオン交換	劣（低い）	中	良（高い）	中
耕耘（作業性）	良（容易）	中	劣（困難）	中
根の伸長	良	中	劣	中
春季の地温	上昇が早い	中	上昇が遅い	中

（Hiemlrick and Galletta 1990）
＊土壌の侵食されやすさの程度

壌土（ローム。砂40～65％、シルト20～45％、粘土0～25％）は、砂土と埴土の特性を併せ持ち、ブルーベリー栽培に適した土壌といえます。

なお、土壌の物理性とは、土性、緻密度（土壌の硬さ）、透水性、保水性、通気性などの物理的手法によって取り扱われる性質をいい、化学性とは土壌の養分供給能力にかかわる性質をいいます。

土性とブルーベリーのタイプ

タイプによって、成長に好適な土性が違います。

一般的に、ノーザンハイブッシュとサザンハイブッシュの成長は、排水、通気性・通水性が良い砂壌土（粘土15％以下、砂65～85％）、壌砂土（シルト＋粘土15％以下、砂85％以上）で優れます。

ラビットアイは土壌適応性が広いため、ノーザンハイブッシュの成長に好適な土性から、もう1段階粘土質含量が多い、砂質埴壌土（粘土15～25％、砂55～85％）、埴壌土（粘土15～25％、砂65％以下）でも栽培できます。

なお、粘質な土壌では、砂質性の土壌よりも、成木に達する年数が長くかかるとされています。

通気性・通水性、保水性

土壌の通気性・通水性、保水性、緻密度は相互に関係し、根の伸長、根群の発達、さらに樹勢を左右します。

通気性・通水性が問題となるのは、多くは排水が悪い重粘な土壌や水田転換園などです。排水が悪いと断続的に湛水状態になり、土壌孔隙から空気が追い出され、根の呼吸に必要な酸素が不足します。このため、根の伸長範囲は土壌表面にとどまり、土壌水分の不足（乾燥）に抵抗性がなくなります。

土壌改良が不十分な水田土壌の場合、樹の成長が悪く、やがて枯死する

水田土壌は重粘で排水性、通気性、通水性が悪い

経済栽培では通気性、通水性を良くするため、暗渠《あんきょ》（水はけを良くするための地下水路）を敷設したり、高畝にしたり、植え穴には有機物を混合した土壌を入れたりするのが一般的です。

水田土壌の改良の効果。明らかに地下部も成長している

水田土壌を改良して植えつけたラビットアイ樹は比較的よく成長する

土壌有機物

土壌有機物は、土壌の団粒形成を促進し、保水性、通気性・通水性を良好にします。また、分解されて無機化し、植物の養分供給源となり、陽イオン交換容量が増大して養分保持能力を高める働きをします。さらに、土壌有

高畝にして通気性、通水性を良くする

機物中の炭水化物は、土壌微生物のエネルギー源としても重要です。

ブルーベリー樹の成長は、これまで、土壌有機物含量が5％以下の土壌では優れないとされてきました。しかし、近年、成長に好適な土壌有機物含量はタイプによって異なることが明らかにされています。

ハイブッシュと有機物含量

ノーザンハイブッシュの成長は、砂質土壌で、有機物含量が5～15％の土壌で優れます。

サザンハイブッシュでは、有機物含量が3％で良いとされています。

ラビットアイと有機物含量

ラビットアイでは、有機物含量が3％以上の土壌では樹勢が旺盛に過ぎて、株元の管理、収穫、整枝・剪定作業に支障をきたし、病害虫の発生が多くなるなどの弊害が指摘されています。このため、現在は、有機物含量が3％以下の土壌が適地とされています。

土壌pHレベル

土壌pHは、土壌の化学性を特徴づける基本的な要因で、土壌微生物の活動、土壌構成物質の形態変化、養分の有効性などに影響を及ぼします。

ブルーベリーは、前に述べたように代表的な好酸性果樹です。成長に好適な土壌pHは、ノーザンハイブッシュとサザンハイブッシュではpH4・3～4・8、ラビットアイではpH4・2～5・3の範囲です。このため、肥料と土壌改良資材は、土壌pHを上げないものを使用すべきです。

ピートモス（寒冷な湿潤地のミズゴケ類が堆積、分解してできた有機物で、保水性に富む）は、強酸性なのでpH値を下げるのに有効な資料として用いられます。

土壌中の窒素の形態変化

ブルーベリーは好アンモニア性です。多くの畑作物栽培の土壌では、土壌に施用したアンモニア態窒素（植物

強酸性のピートモスを使うと土が軟らかくなり、pH値が低くなる

植えつけのとき、株元にピートモスを混合した土を入れる

図8　栄養元素の利用度と土壌pHとの関係

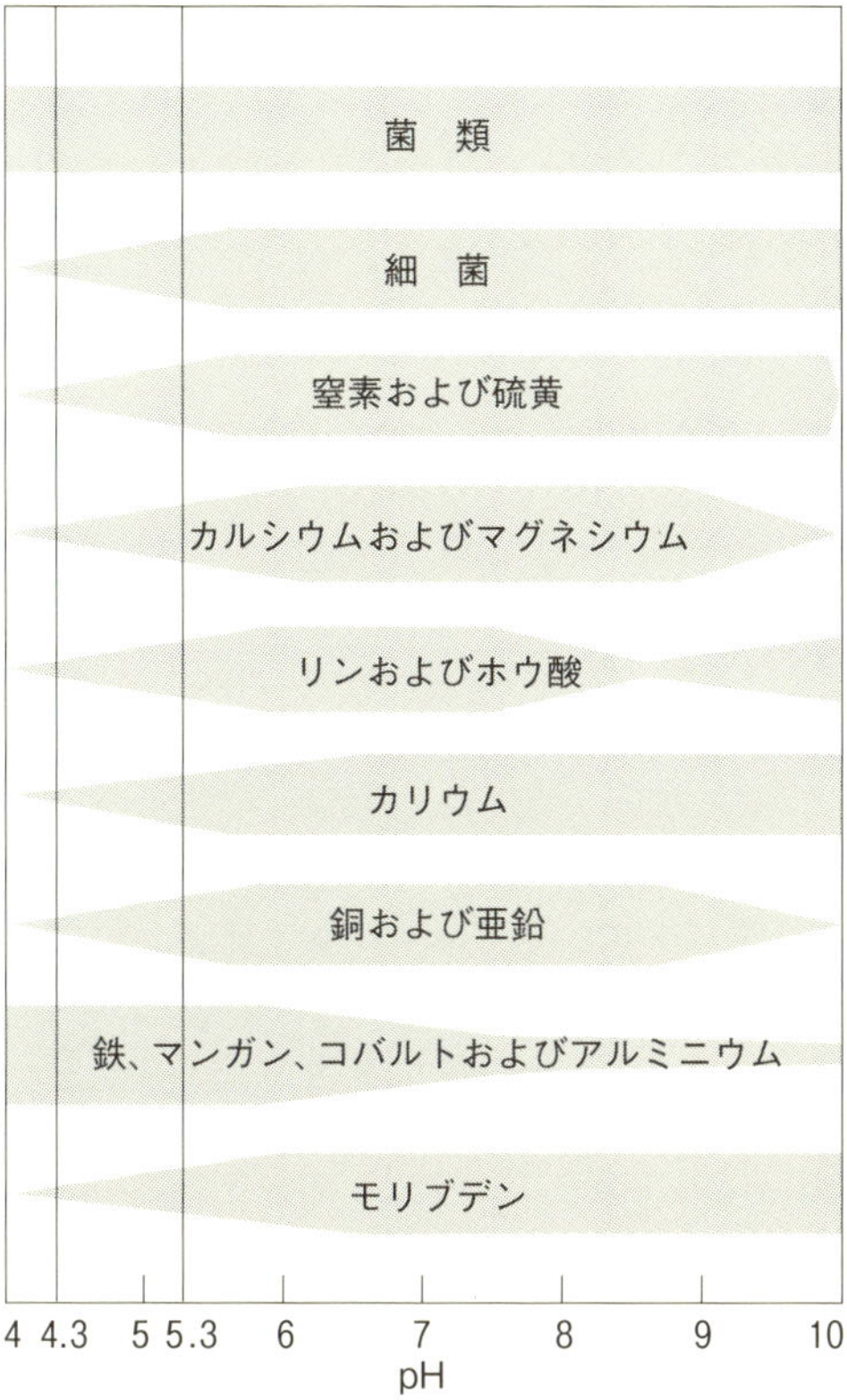

注：①利用度は帯の幅で示してある
　　②pH4.3～5.3の範囲がブルーベリーの成長に適する
　　③藤原ら（2012）をもとに作成

健全な生育を示している樹は、果実の肥大が良く、また新梢伸長も良い

に吸収、利用される窒素の主な形態の一つ）は、微生物の作用により2週間程度で、アンモニア→亜硝酸→硝酸という変化が起きるとされています。この変化は、硝化菌（アンモニア酸化細菌と亜硝酸酸化細菌）の働きによるものです。

しかし、ブルーベリーの成長に適した酸性条件下では、硝化菌の活動が低下し、pH5以下では抑制され、さらにpH4・5以下では大部分の硝化菌が休眠状態になっています。すなわち、ブルーベリー栽培では、施用したアンモニア態窒素が形態的に変化しないよう、土壌を酸性に維持することが重要です。

土壌pHと養分の有効性

養分の有効性（溶解度）は、土壌pHによって変わります。**図8**に示したように、窒素、リン、カリウム、カルシウム、マグネシウム、銅、亜鉛、モリブデン、ホウ酸、硫黄などの溶解度が悪くなります。一方、鉄、マンガン、コバルト、アルミニウムの溶解度は高まります。

開園準備と植えつけの実際

ブルーベリーの成長に好適な土壌は、「適度に有機物を含み、緻密度が低く、通気性・通水性、保水性の均衡が取れた酸性土壌」です。しかし、日本の場合、ほとんどがブルーベリー栽培に「比較的不適地」ですから、規模の大小はあっても、植えつけにあたって土壌改良（開園準備）が必要です。

何十年にもわたる樹の成長の良否は、周到な開園準備、植えつけ時と植えつけ後2年間（幼木期）の栽培管理に、大きくかかっています。

開園準備

既耕地、未耕地を問わず、果樹を植え、果樹園をつくることを開園といいます。

土壌条件を十分に検討して選んだ栽培予定地でも、通常、何らかの不良要因を持っています。その不良要因を、植えつけ前にできるだけなくする（少なくする）ために、土壌改良を行う必要があります。

土壌改良の規模と方法は、特に経済栽培の場合、土壌の種類、開墾地や休耕地、畑地の既耕地の別、面積や機械力の使用などの栽培規模によって大きく異なります。

ここでは、土壌の種類が火山灰土壌（黒ボク土）と褐色森林土壌地帯で、開園準備のほとんどを手作業で行う場合の土壌改良の方法について紹介します。

植えつけ間隔と栽植密度

まず、道路側かフェンス側に沿って1本の基本線を引きます。次に、基本線に対して平行な線と直角な線を交互に引き、線の交差点を植え穴の位置とします。

植えつけ間隔（栽植距離）は、一般に、ノーザンハイブッシュとサザンハイブッシュでは、3・0m（樹列）×2・0m（同一樹列内の樹間）とされています。樹形が大形で樹勢が強いラビットアイは、3・0m×2・0〜2・5mです。なお、参考までに栽植密度を**表6**に示します。

表6 ブルーベリーの植栽密度と10a当たりのおおよその樹数

樹間（m）	樹列（m）		
	2.0	2.5	3.0
1.0	500本	400本	333本
1.2	417	340	289
1.5	325	260	221
2.0	250	200	170
2.5	200	160	136
3.0	175	140	119

優良な苗木

植え穴（深さ約45cm、直径約70cm）を掘る

苗木の根をほぐして広げ、植えつける

株元を直径50cmくらいの水盤状にする

植え穴

土壌の緻密度を下げて、通気性・通水性、保水性の均衡を改良するために、植え穴は、幅が60~80cm、深さ40~50cmの大きさにします。その植え穴に、掘り上げた土にピートモス（酸性を矯正していないもの）、腐葉土、籾殻を各50~70ℓずつ混合して埋め戻し、20cmくらいの高畝にします。

高畝にすることによって、植え穴に雨水がたまって過湿になる害（根の酸素不足）を防ぐことができます。

植え穴の準備は、秋植え、春植えともに、植えつけ1か月前には終了し、一雨、二雨あって穴の土が落ち着いてから植えつけるのが理想的です。

植えつけの実際

植えつけにあたって、時期、苗木の選別、方法などの検討が必要であり、植えつけ直後の管理も重要です。

植えつけ時期

植えつけ時期には、秋植えと春植えの二つがあります。

秋植えは、休眠期に入った紅葉期から落葉期の初期に植えつける方法で、比較的冬季が温暖な地方で行います。土壌に早くなじみ、翌春の成長が早く始まります。

一方、春植えは、冬季に土壌が凍結する寒冷地、積雪の多い地方、乾燥しやすい場所に適していて、気温が緩み始めたころに植えつける方法です。例えば、関東南部では、3月上旬から下旬の植えつけが一般的です。

苗木の条件

苗木は、品種名が確実であり、枝が太く病害虫に冒されていない健全なものとします。

市販されている苗木は、通常、ほとんどが挿し木後2年生（鉢上げ後1年間養成）の4～5号ポット苗で、樹高は30～50㎝のものです。また、3年生の樹高は50～70㎝となります（図9）。

図9　良質の苗木を入手する

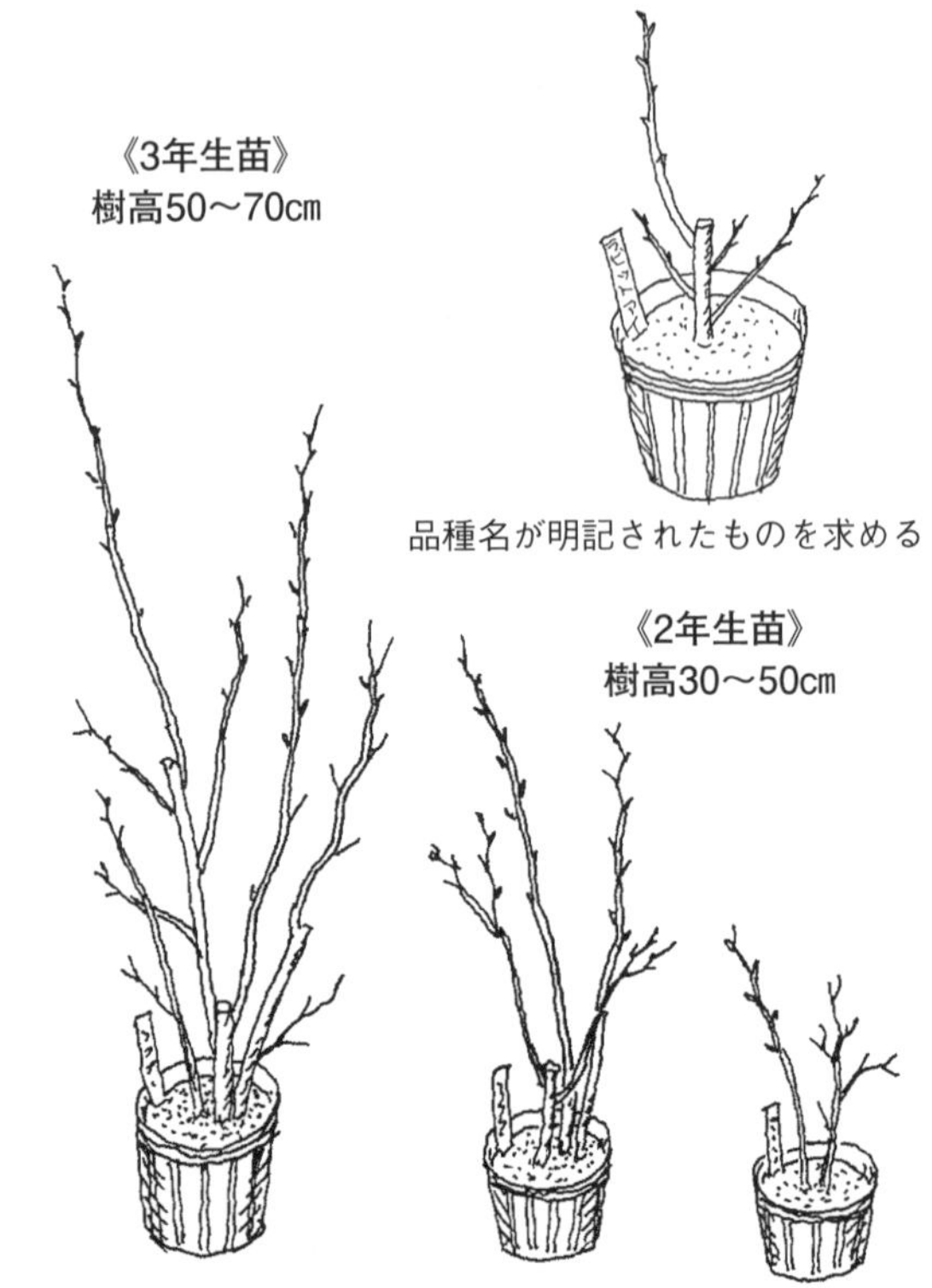

入手先やポットの大きさなどにより、樹高はまちまち。ちなみに2年生苗は30～50㎝、3年生苗は50～70㎝となる。苗木は信頼できる取り扱い先から求めるようにしたい

混植

結実率、果実収量を高め、大きい果実を収穫できるようにするため、複数の品種を植えつける混植が勧められます。栽培管理に要する労力の分散にもなります。家庭で育てる場合でも同様です。

植えつけ方の一例

ブルーベリー苗は、ほとんどがポット（鉢）苗です。苗木購入後から植えつけまでの間、根が乾燥しないよう十分灌水しておきます。

そこで植えつけ方の一例を具体的に示します（**図10**）。

植え穴の中央部に、深さ15㎝、直径30㎝くらいの穴を掘り、pH値を低くしたりして土壌を改良するために湿らせたピートモス1～2ℓを入れて、土と混合させます。

苗は、ポットから取り出して根をほぐします。また、根が底部を包み込んだ根鉢状態のものは、底部を十字に割って、根鉢の中心部の土を取り除きます。

次に、ほぐした根を広げ、苗の地際から2㎝（平手の厚さで、適度な深さ

図10　苗木の植えつけ方の手順

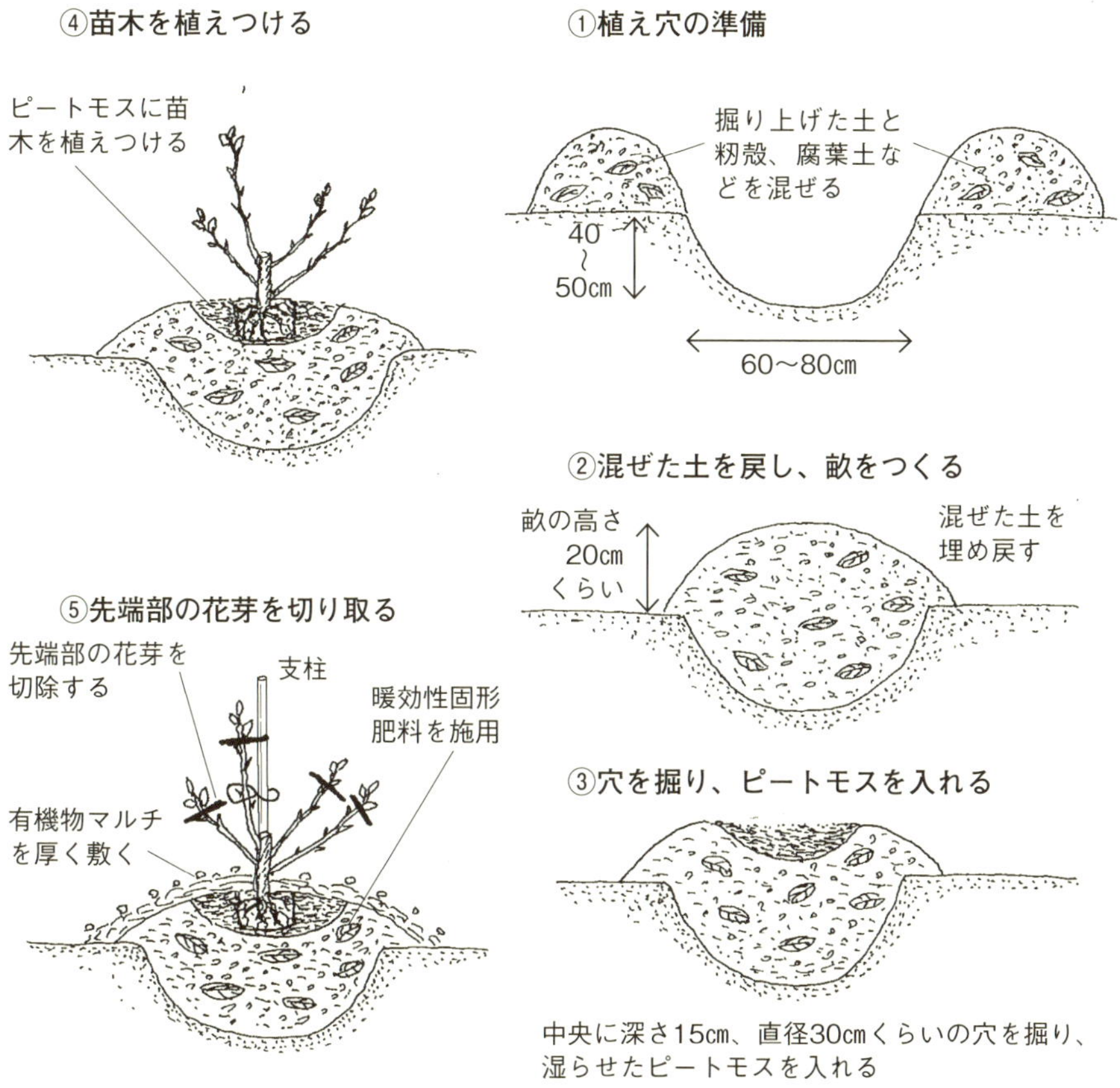
①植え穴の準備
掘り上げた土と
籾殻、腐葉土な
どを混ぜる
40〜50㎝
60〜80㎝
②混ぜた土を戻し、畝をつくる
畝の高さ
20㎝
くらい
混ぜた土を
埋め戻す
③穴を掘り、ピートモスを入れる
中央に深さ15㎝、直径30㎝くらいの穴を掘り、
湿らせたピートモスを入れる
④苗木を植えつける
ピートモスに苗
木を植えつける
⑤先端部の花芽を切り取る
先端部の花芽を
切除する
支柱
暖効性固形
肥料を施用
有機物マルチ
を厚く敷く

とされている）くらい深めに植えつけ、直径50㎝の大きさで、外周を3㎝くらいの水盤状にします。そこに、バケツ1杯分（7～10ℓ）灌水します。その後、苗木の浮き上がりを防ぐため、株の周囲の土を手で強めに押し固めて、植えつけ終了です。

植えつけ時の注意点　植えつけ時の根の深さは、根の活着に大きく影響します。深植えの場合は根が酸素不足になり、一方、鉢用土の表面が見えるほどの浅植えでは、根が乾燥しやすくなります。いずれの状態でも、活着が悪くなります。

支柱

植えつけ終了後、竹やパイプなどの支柱を立て、苗木（幼木）を軽く結束したり誘引したりします。そうすることで、風揺れによる倒木、また、植えつけ後に伸長してくる新梢の折損を防ぐことができます。

この際、苗木についている品種名の名札の紐やテープは外して、支柱につけ替えることも重要です。名札をつけたままにしておいて、樹の成長に伴って枝（樹）に食い込み、その後の成長を阻害している例が、数多く見受けられます。

摘花、小枝の切除

苗木（幼木）の花芽（房）は発根と新梢伸長を促すため、全て摘み取ります。細くて弱々しい枝は切除します。また、根量に比較して地上部が大き過ぎる場合（例えば、5～6号鉢で苗の中心になっている枝が70～100cmも伸長しているような場合）には、30～40cmの高さに切り詰めます。

有機物マルチの施用

植えつけ後は、株元を中心に半径30～40cm（植え穴の直径となる）の範囲に、十分な量の有機物マルチをして、土壌の乾燥を防ぎ、雑草の伸長を抑えたり、地温を調節したりします。

有機物マルチの材料には、最も多く使われる木材チップのほかに、籾殻、おが屑、食用キノコ生産廃材、落ち葉などがあります。わらや肥料成分の多い堆肥などは、マルチ資材として適切ではありません。

マルチの長所は次のとおりです。

- 土壌浸食を防止する
- 土壌物理性を改善する
- 土壌水分の蒸発を抑える
- 雑草の伸長を抑える

なお、有機物以外のマルチとしては、ポリエチレンフィルムや防草シートなどの人工的な製品があります。

樹冠下には木材チップをマルチ。樹間は草生（芝）にしている

植えつけ後2年間の管理

植えつけ当初からその後2年間（幼木期）は、栄養成長を促して樹冠の早期拡大をはかるために、灌水、有機物マルチの施用、施肥、病害虫防除など、きめ細かい管理作業が重要です。

灌水

植えつけ後1～2年間に見られる幼木の成長不良や枯死は、大半が土壌乾燥によるものです。定期的な灌水が欠かせません。

灌水量は、4～10月の成長期間中は、1日当たり1樹に2～3ℓ、間隔は5日置きを標準とします（この場合、1回の灌水量は10～15ℓとなります）。もちろん、自然の降水量が十分あった場合には、灌水は控えます。

灌水が最も必要な時期は、関東南部では、通常、梅雨明け後の7月中・下旬から8月いっぱいです。冬季の休眠期間中の土壌乾燥は、有機物マルチで抑えることができます。

有機物マルチの補給

植えつけ直後の管理で、株元を中心に十分量の有機物マルチができなかった場合には、できるだけ早期に、マルチ資材を補給して雑草対策をします。マルチの厚さは、10〜15㎝とします。

株の周囲に肥料を施す

施肥

施肥は、春植えの場合、5月から行います。その後9月まで、6週間ごとに、8−8−8の普通化成肥料（窒素形態は必ずアンモニア態のものとする）を、1樹当たり20〜30g施します。施肥位置は、株元から半径20㎝離して輪状とします。

2年目は、3月下旬に基肥として施用した後は、初年と同様の方法で施します。

病害虫防除

植えつけ以降、特にケムシ類やハマキムシ類などの害虫の寄生が多く見られます。週に2〜3度は樹の成長状況を観察しながら、病害虫の発見に努めます。害虫は見つけしだい捕殺し、病気による被害枝葉は除去して土中に埋めます。

摘花房と主軸枝の確保

植えつけ後2年間は、花芽（花房）は摘み取って開花・結実させず、栄養成長を促進させ、樹冠の拡大をはかります。

栄養成長が良ければ、2年目には、株元から数本の強いシュート（発育枝）が伸長します。その枝は、将来の主軸枝になる重要な枝ですから、6月下旬ころから支柱を添えて折損を防ぎ、大事に育てます。

植えつけ3年目以降は、栄養成長と生殖成長との均衡をはかりながら、良品質のブルーベリー果実を、長年にわたって、安定して多収できる栽培管理法に移行します。

樹姿と整枝・剪定のポイント

整枝は、幹の高さや枝の配置を考慮して樹形をつくることであり、剪定とは樹形をつくり、結実管理などのために枝を切ることをいいます。

ブルーベリーの樹姿はブッシュ（やぶ）なので、整枝・剪定の基本は、骨格をなす主軸枝を更新しながら樹高を制限し、樹冠内部が混雑しない樹形に整えることです。

適切な整枝・剪定を行うためには、剪定の効果（意義）、種類、時期、対象となる枝などの基礎事項と合わせて、タイプ別、樹齢別に適切な樹形についての知識が必要です。

樹姿と整枝・剪定の基礎

ここでは、枝の種類、剪定などブルーベリーのタイプに共通する基礎的事項を取り上げます。

樹姿、枝の種類と性質

ブルーベリー樹の基本形は、株仕立てです。このため、樹姿や枝の呼称が、高木性果樹とは異なります。

以下に、樹形、枝の種類と性質について整理します。

樹姿　通常、成木の休眠期における樹姿（**図11**）から、前に述べたとおり縦に立つ直立性、横に広がる開張性、両者の中間の性質を示す半直立性の三つに区分されます。

樹姿は、品種特性の一つです。品種がどのような樹姿を示すかは、「主要品種の成熟期と特徴」の節で紹介しています。

樹冠　樹冠は、枝が縦と横に伸長して、樹を形づくっている範囲で、真上から見ればほぼ円形です。樹冠幅は、樹形の直径をさします。

クラウン　クラウン（crown）は、根が主軸枝に移行する集合部分です。

枝の種類と性質　枝には、多数の種類があります。

《主軸枝》　発育枝に由来する古い枝で、株の骨格となる中心的な枝。多数の旧枝と結果枝（前年生枝）を着ける。

《発育枝》　株元（地際部）から伸長し、将来、主軸枝となる旺盛な枝。

《徒長枝》　主軸枝と旧枝から発生する勢いの強い枝。長さが１００～１５０㎝にもなり、多くは樹形を乱す込み入った枝になる。

《旧枝》　枝齢が1年以上の枝をいい、比較的太い枝や小枝も含む。

《前年枝》　休眠期に観察すると、１年前に伸長した枝で、通常、花芽を着けている。

《結果枝》　前年枝で、花芽を着け、春になって開花、結実する枝。

図11　休眠期におけるブルーベリー成木の樹姿と枝などの種類

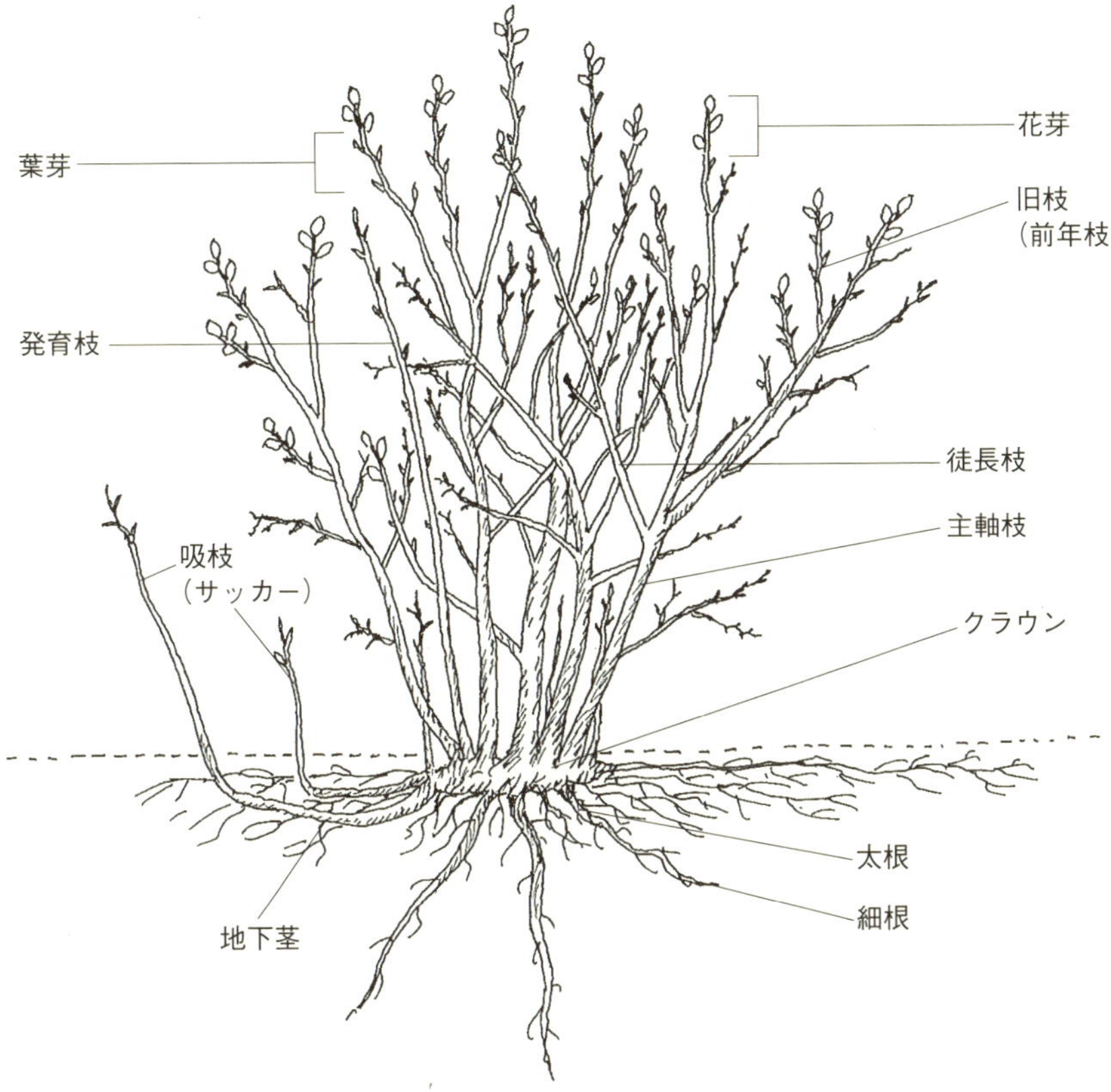

注：Pritts and Hancock（1992）の原画をもとに加工作成

《吸枝（サッカー）》　地表下数cmの深さを横に伸長し、株元から数十cmも離れた所で地上茎になる枝。樹形を乱し、除草、収穫など管理作業に不便をきたす枝になる。

吸枝の発生は、タイプによって異なり、ハイブッシュでは少ないか、ほとんど見られないが、ラビットアイでは多い。

《新梢》　休眠期には見られなく、春になって前年枝や旧枝から発生する枝。通常、夏から秋には、枝上に花芽の着生が認められる。

新梢には、春季に伸長する春枝（1次伸長枝）、夏季に伸長する夏枝（2次伸長枝）、秋に伸長する秋枝（3次伸長枝）の3種類ある。

整枝・剪定の効果

整枝・剪定の効果は、次のように要約できます。

• 骨格となる主軸枝の育成をはかり

ながら、樹冠を一定の高さの樹形に調整できる。樹高を１８０㎝くらいにすると、収穫能率が向上する。

・樹冠内部で混雑している枝を切除することで、樹冠内部まで日光が投射し、通風が良くなり、病害虫の発生が少なくなる。

・結果過多の防止。枝の切除によって収量は少なくなるが、１果実重が増す。結果過多の樹は、根の成長が抑制され、経済樹齢が短くなる。

・栄養成長と生殖成長の均衡を維持して、安定した果実生産をもたらす。また、樹の成長を調節して、経済樹齢を延長できる。

長年、無剪定の樹。徒長枝が林立し、林木のようになっている。樹高は3mにも及ぶ

剪定の種類

剪定には、切除する枝の位置、時期、その程度に応じ、それぞれに呼び方の異なる種類があります。

◆枝の位置から

切り返し剪定　旧枝や前年枝を枝の途中から切除するもので、主として、新梢の発生を促すために行います。

切り返し剪定。枝を途中から切り詰める

枝上の花芽を除去して側枝の発生を促す場合には、外側を向いた葉芽の上で剪定します。

間引き剪定　剪定したい枝を発生基部から切除する方法で、主軸枝の更新、主軸枝上の旧枝、旧枝上の前年枝を切除する場合に行います。

枝は、切り残しがないように元から

図12　切り返し剪定と間引き剪定の違い

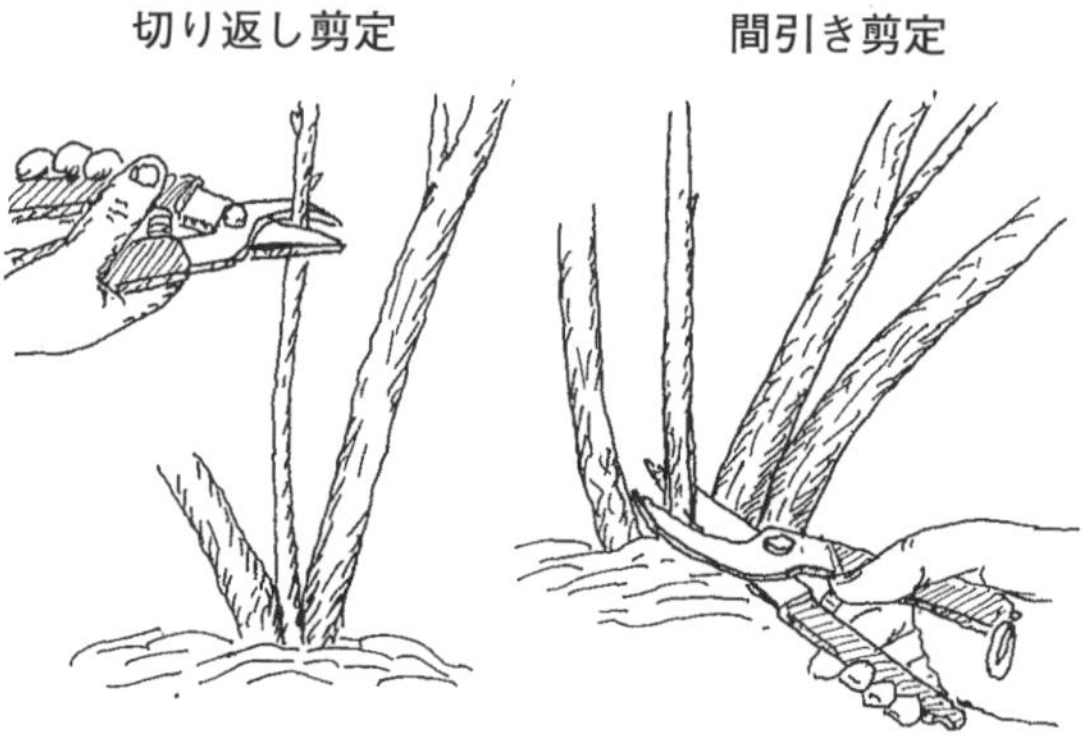

除去します。切り残した部分があると、そこから望ましくない新梢が発生します（図12）。

◆剪定の時期から

冬季剪定　休眠期間中（冬季）に行うもので、ブルーベリーの剪定の中心です。

関東南部では、通常、2月から3月中旬にかけて行います。この時期になると、晩秋までに生産された炭水化物が枝や根に転流し、貯蔵される期間も十分あります。また、秋から冬に障害を受けた枝の確認が容易になります。

樹形を乱す立ち枝（徒長枝が多い）などを除去する

夏季剪定　この方法は、ヘッジング（hedging）、トッピング（topping）のほか、日本では9月剪定とも呼ばれています。

特に、ラビットアイの「ティフブルー」に必要で、収穫期が終了した8月下旬〜9月上旬（関東南部の場合）に、旺盛に伸長して樹形を乱している徒長枝を切り返すものです。

◆剪定の強弱から

適度（中位）の剪定　望ましい剪定の程度で、毎年、果実生産と新梢伸長の均衡が取れている状態です。

弱剪定　切り返し剪定では、残る枝の葉芽数が多くなり、間引き剪定では、除去する枝が少なくなります。全体として、弱剪定《じゃくせんてい》の場合、枝が込み合い、弱くて細い枝の伸長が多くなります。さらに、翌年以降、果実生産の中心となる太い新梢の発生が不足します。

強剪定　弱剪定とは逆で、徒長枝の発生が多くなります。このため、翌年、十分な収量をあげるためには、ふたたび強い剪定、特に徒長枝の切除が必要となります。一度強剪定《きょうせんてい》すると、毎年、強剪定しなければなりません。

剪定の対象となる枝

剪定の対象となるのは、次のような枝です（図13）。

・気象災害で、秋から冬に障害を受けた枝。
・病気や害虫による被害枝。
・地面に着くような下垂枝。
・地際部から発生している、短くて軟らかい枝。
・樹冠から極端にはみ出し、樹形を乱している枝。
・樹冠の中心部で込み合い、交差したり内を向いたりしている枝。

図13　樹齢に合わせた剪定例

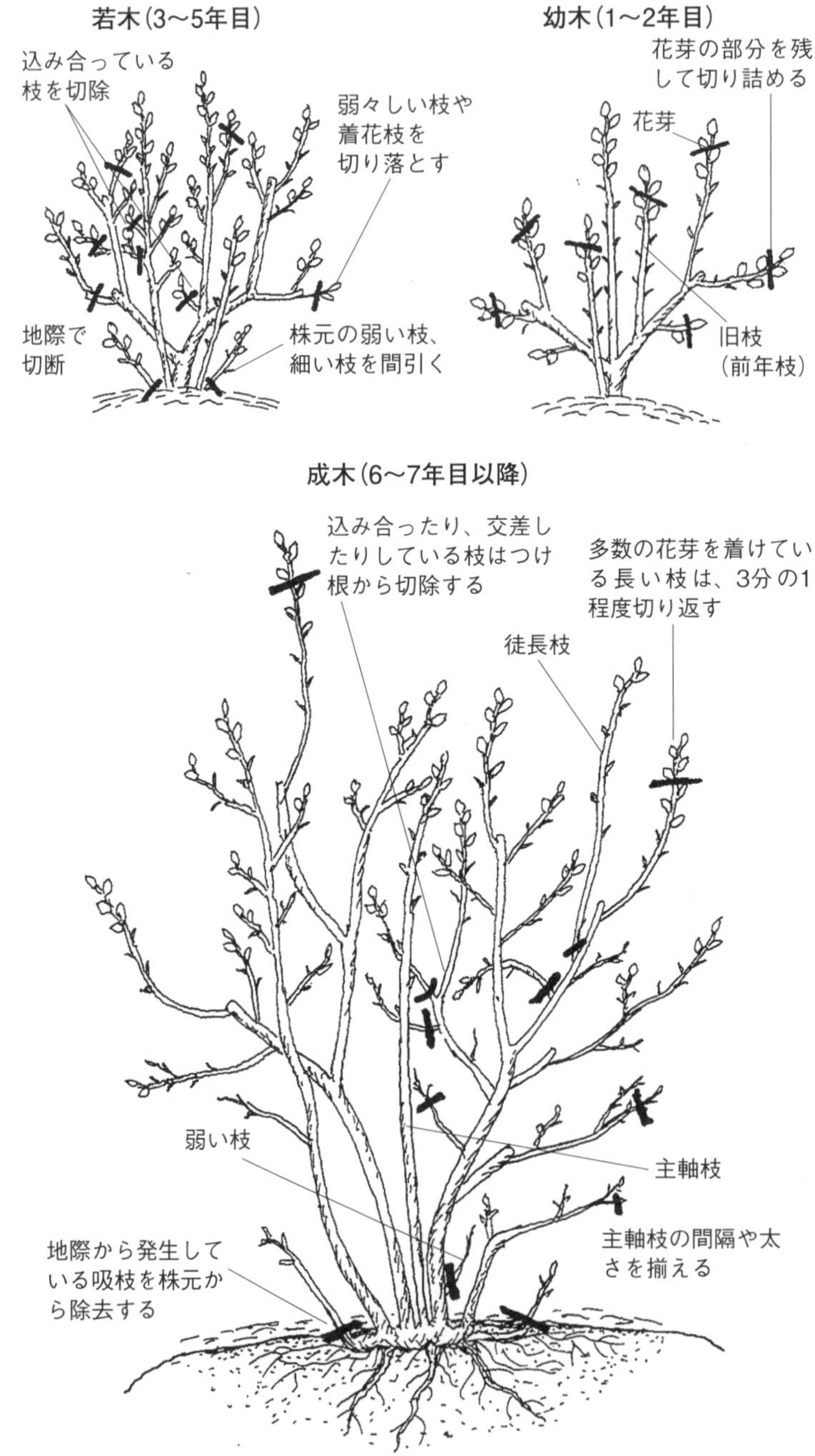
若木(3～5年目)
込み合っている枝を切除
弱々しい枝や着花枝を切り落とす
地際で切断
株元の弱い枝、細い枝を間引く
幼木(1～2年目)
花芽の部分を残して切り詰める
花芽
旧枝(前年枝)
成木(6～7年目以降)
込み合ったり、交差したりしている枝はつけ根から切除する
多数の花芽を着けている長い枝は、3分の1程度切り返す
徒長枝
弱い枝
主軸枝
地際から発生している吸枝を株元から除去する
主軸枝の間隔や太さを揃える

•必要であれば、古い主軸枝や弱い主軸枝を1～2本間引く。
•樹が結果過多の傾向にある場合、長い枝で多数の花芽を着けているものは先端部数節を切除し、花芽を間引く。

なお、障害のある枝、病気や害虫の被害枝は、季節にかかわらず除去します。

実際の栽培園における剪定法について、タイプ別、樹齢別に、その要点を取り上げます（ヤールボーロー2006、レタマレスとハンコック2012、メインランド2010）。

ノーザンハイブッシュの剪定法

植えつけ後2年間

望ましい樹勢は、樹高が1年間で30～40㎝伸びる程度です。新梢と根の成長を促すため、花芽は除去して結実させません。また、地面に着くように樹冠の低い位置から伸長している枝（下垂枝）は全て間引きます。

株元から発生している太くて旺盛な枝（発育枝）は、将来の主軸枝となるため、大切に育てます。

剪定前のノーザンハイブッシュ

植えつけ後3年目

3年目になると、樹高は80～100㎝以上になり、多数の新梢が伸長して、樹冠幅は約1mになります。

3年目には、勢力が中位から強い枝のみに結実させ、他の枝の花房（果房）は摘み取ります。1樹当たりの収量は、300～500gにとどめます。

旺盛な発育枝が、株元から2本以上伸長している樹では、最も強いものを2本残し、他は間引きます。

強くても側枝のない徒長枝は、側枝の発生を促すために、地面から80～100㎝の高さで切り返します。

剪定後のノーザンハイブッシュ

植えつけ4年目

4年目の望ましい樹形は、樹高が120～140㎝になり、主軸枝が5～6本ある状態です。

剪定の大筋　①樹冠の内部で混んでいる徒長枝は間引く。

②樹冠内部まで日光が投射され、通風が良くなり、諸管理に便利なように、内向枝、下垂枝、吸枝は間引く。

③徒長枝は、枝の勢力に応じて、長さの4分の1～2分の1に切り戻して、翌年、花芽を着ける太い新梢の発生を促す。

植えつけ後5～6年目

5～6年目の冬季には、通常、樹高は1・5m以上に達します。

剪定の大筋　剪定の大筋は、植えつけ後4年目と同じです。

①樹冠の高さは1・5～1・8mが望ましい。樹冠から長く突き出ている枝は、切除する。

②6年目には、主軸枝の更新が必要

となる。古い主軸枝の1〜3本を地面に近い所で切り返し、新しい発育枝を伸長させる。

成木期の剪定

植えつけ6〜8年後から20〜25年後までの、いわゆる成木期の剪定です。

果実収量は、品種や栽培管理によって異なりますが、通常、1樹当たり3〜5kgを目安としています。

剪定の大筋 ①主軸枝は8〜10本とする。それ以上では、主軸枝間に競合が起こり、生産性が劣る。

主軸枝の齢（枝齢）によって、新梢の発生（伸長）程度が異なる。例えば、1年生の主軸枝からは新梢の発生が少なく、2年生や3年生の主軸枝からは太い新梢が多く発生する。一般に、太い新梢は、花芽の着生数が多く、果実の肥大も良い。

②5年以上経った主軸枝、また、発生後4〜5年経過した旧枝は更新する。古い主軸枝や旧枝から発生する新梢は、細くて弱く、着生花芽数が少なく、果実が小さくなるからである。

主軸枝の更新が適切な樹とするためには、毎年、2本以上の主軸枝候補になる発育枝を発生させる必要がある。10本の主軸枝がある樹の場合、毎年、古い順に2本ずつ更新すると（20％の更新）5年で終了する。

③樹勢が悪くなった成木樹は、主軸枝を40％まで間引いて（強剪定）樹勢の回復をはかる。それ以上間引くと、栄養成長と生殖成長との均衡が大きく崩れ、目的とする収量は期待できない。

サザンハイブッシュの剪定法

これまで、サザンハイブッシュの栽培経験が浅かったため、剪定方法は、ノーザンハイブッシュの場合に準じていました。

近年になり、独自の整枝・剪定法が確立されつつあります（ヤールボローー2006、レタマレスとハンコック2012、メインランド2010）。

望ましい樹形

望ましい樹形は、主軸枝を4〜6本（ノーザンハイブッシュよりも少ない）とした直立型で、中心部が空いたカップ状です。

若木期の剪定

まず、枝葉の成長が促進されるよう、植えつけ後2年間は結実させず、3年目から収穫を始めます。合わせて、植えつけ3〜4年後は、樹の3分の1から4分の1量を切除する強剪定により枝葉の成長をはかりながら、望ましい樹形の完成をめざします。

強剪定の程度は、次のとおりです。

①2〜4本の主軸枝を残し、交差枝、込み合っている枝、下垂枝、弱い枝、細い枝は全て切除する。

②花芽の着生が多く、また結果過多の1年生枝は間引く。

③樹勢が弱い樹は、旺盛な樹よりも強く剪定する。

剪定前のサザンハイブッシュ

剪定後のサザンハイブッシュ

④結果過多になりやすい品種は、樹勢の衰弱を防ぐため、強く剪定する。

成木期の剪定

品種や栽培管理によって違いがあるものの、サザンハイブッシュは、通常、6～7年で成木期に達します。

①樹形を保持するため強めに剪定し、樹冠の中心部が空いた樹形・カップ状にする。この場合、主軸枝の更新が重要で、3～4年ごとに更新する。

②新しい主軸枝を発生させるため、古い主軸枝は、毎年、1～2本を地際から間引く。

主軸枝を剪定し、整理する

③摘花房（果房）の励行。サザンハイブッシュは、全体的に結果過多になりやすいため、短くて細い枝には結果させないよう、剪定に加えて開花時に摘花（果）房を行う。

ラビットアイの剪定法

ラビットアイは、樹勢が旺盛で土壌適応性があります。このため、有機物含量が3％以上の所には植えつけないこと、また、有機物含量が2％以上の土では施肥量を少なくすること、が勧められています。

剪定を開始する樹齢

多くの品種では、植えつけ後5～7年を経て、樹高が180～240㎝に達するまで剪定しなくても良いとされています（ヤールボーロー2006）。しかし、樹勢の強い「アリスブルー」、「ベッキーブルー」、「ティフブルー」などは、植えつけ3～4年後から剪定します。

成木樹の剪定

ラビットアイの場合、樹高と樹形の管理、古くて結果しない枝（旧枝）の切除、古い主軸枝の更新、の三つを重視します。

なお、成木期の果実収量は、品種や栽培管理により異なりますが、1樹当たり4～6kgを目安とします。

樹高、樹形の管理　ラビットアイの5～7年生樹では、樹高が180～240cmにもなり、樹冠幅は3・0mを超します。これ以上の樹形になると樹冠内部が混雑し、良品質の安定的な生産が難しくなります。樹高、樹形の管理は、次のように行います。

剪定前のラビットアイ

①樹高は180～220cm、樹冠幅は3m以内に制限する。

②樹冠から長く飛び出ている徒長枝は、樹冠の高さ（位置）から切除する。

③樹冠内部の徒長枝は、4分の1～2分の1の長さに切り戻す。

④吸枝（サッカー）は生え際から、下垂枝は基部から切除する。

古くなり、結果しない枝の切除　発生後4～5年経過している旧枝は、勢いが弱くなりますから、次のように処理します。

剪定後のラビットアイ

①旧枝の途中から強い枝が伸長している場合は、強い枝を残して旧枝を、強い枝が伸長していない場合は、旧枝の基部から切除する。

②樹間内部で枯れている枝、障害のある枝、病害虫の被害枝は切除する。

古い主軸枝の更新　5～7年生樹では品種や栽培管理によりますが、通常、主軸枝が10本以上伸長しています。これは、次のように処理します。

①主軸枝は8～10本とする。主軸枝が多過ぎると、主軸枝間に競合が起こり、生産性が劣る。

②6～7年以上経った主軸枝は、ノーザンハイブッシュ同様に更新する。古い順に、毎年、主軸枝の2～3本を地面から20～30cmの所で切り返し、新しい発育枝を伸長させる。

夏季（9月）剪定　特に、ラビットアイの品種「ティフブルー」に行われる剪定方法です。

9月上旬の剪定後、徒長枝の側芽に花芽が着生(11月中旬)

ラビットアイ(テイフブルー)樹。徒長枝が多数伸長、樹冠内部が混雑

「ティフブルー」は、通常の普通栽培でも、旺盛な徒長枝（長い枝は２ｍにも及ぶ）が伸長して樹形を乱します。すなわち、冬季剪定のみでは樹形管理が大変難しいため、旺盛な徒長枝を、夏季（９月）に剪定して、樹形を管理するものです。

具体的には、収穫期が終了後、樹冠より上に飛び出している徒長枝を、３分の１～２分の１の長さに切り戻します。この場合、残した枝の先端に花芽が形成され、また、残した枝から秋枝が伸長し、その枝にも花芽が形成されます。一般的に、枝の先端（上部）に花芽が着生した枝は、翌年、新梢伸長が強く抑えられる傾向があります。

なお、旺盛な徒長枝を冬季剪定すると、春から夏にかけて、より一層旺盛な徒長枝が伸長して、さらに樹形を乱す悪循環を繰り返します。

9月剪定後の樹形。剪定を行い(樹高を180㎝とした)、株元のサッカーを切除した樹形

老木樹の若返り

ブルーベリーの経済樹齢は、一般的に、20～25年とされています。それ以降の樹齢に達した、いわゆる老木樹になると、太くて勢いのある新梢の発生が少なくなり、収量は減少し、さらに果実が小さくなります。

老木樹は、更新剪定によって若返らせることができます。

一挙更新

更新剪定には、いくつか方法（図

更新剪定をしていない老木の主軸枝からは、勢いのある新梢の発生が少ない

経済栽培の一挙更新の例。樹列ごとに一挙更新している

図14　ブルーベリー樹の更新方法

図の黒点は刈り込んだ主軸枝を示す

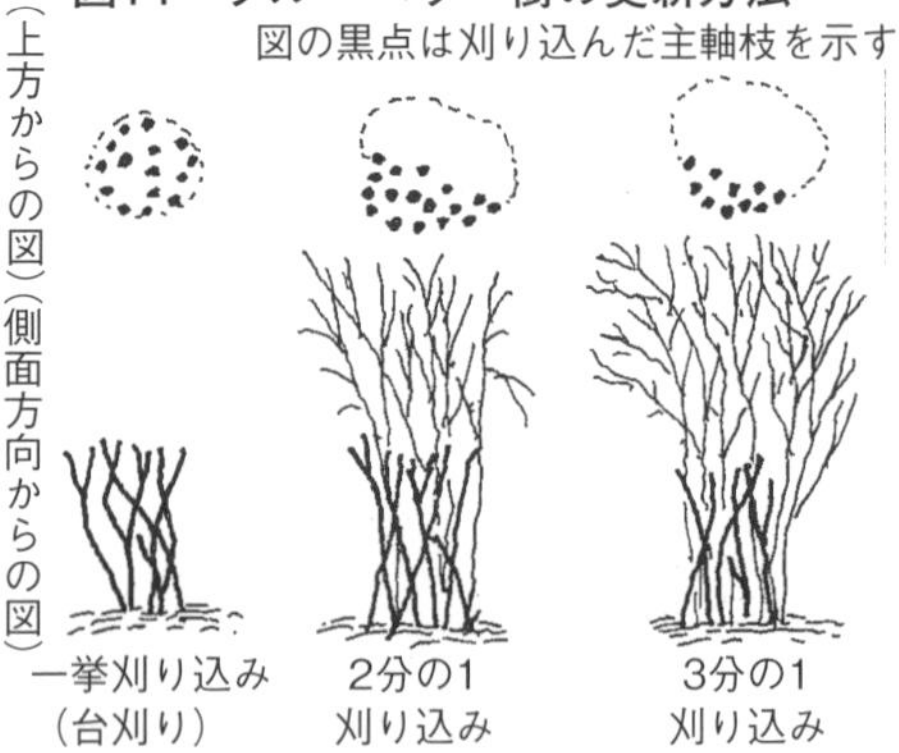

注：Austin（1994）の原図をもとに作成

一挙更新樹の２年目の成長

一挙更新樹の発育枝の伸長。主軸枝1本当たり２本の発育枝とした

14）がありますが、全ての主軸枝を一度に切り戻す一挙更新が勧められます。それは、冬季に、全ての主軸枝を地上から20～30㎝の高さで切り戻す方法です。

春になると、残した主軸枝から旺盛な新梢（発育枝）が多数発生します。夏の中期（7月）には、発育枝間で、枝の勢力、枝の方向、長さ、太さの違いがはっきりします。

その時期、1本の主軸枝から外側に向かって伸長している、旺盛で、長くて太い発育枝2本を選別して残し、他の枝は切除します。

残した発育枝は、支柱をして枝折れを防ぎ、大切に育てます。その発育枝から、2年目には春枝が多数伸長し、夏には花芽を着けます。3年目には、大きい果実を収穫できます。

しかし、若返りをはかって良いのは、樹と果実形質がともに優れ、将来も評価が高いと推察されている品種のみです。

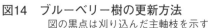

土壌表面の管理と中耕、雑草防除

ブルーベリー樹は、繊維根で浅根性です。根群の発達をはかり、樹の健全な成長を促すためには、開園時の土壌改良に加えて、植えつけ後は毎年、有機物マルチによる土壌表面の管理、中耕、雑草防除などの作業が不可欠です。

土壌表面の管理

土壌表面の管理の違いは、土壌の物理性や化学性、生物性に影響を及ぼし、その結果、果樹の成長にも影響します。

樹冠下に10～15㎝の厚さのバーク、木材チップなどをマルチする

果樹園の土壌表面の管理法には、大別して、清耕法（耕うんや中耕により除草して裸地に保つ）、草生法（被覆作物で地面を覆う）、有機物マルチ法、プラスチックマルチ法、これらを組み合わせた折衷法があります（**表7**）。

ここでは、経済栽培園で最も一般的であり、家庭で育てる場合にも勧められる有機物マルチ法を取り上げます。

有機物マルチ法

この方法は、園全体あるいは樹間を、各種の有機物でマルチ（被覆）するものです。

有機物マルチ法では、土壌浸食の防止、土壌水分の蒸発防止、有機物の補給、地温の調節、雑草防除など前に述べたとおりの効果が得られます。しかし、春先の地温上昇の抑制による初期成長の遅れ、成熟期の遅延などの短所もあります。

有機物マルチは、長年、継続する必要があります。樹の成長は、植えつけ

表7　土壌管理法がハイブッシュ「パイオニア」樹の成長に及ぼす影響

土壌管理	1樹当たりの平均乾物重（g）		
	地上部	地下部	全体重
おが屑マルチ	2905.6	1725.2	4630.8
わらマルチ	1952.2	1089.6	3041.8
清耕＋牧草	2224.6	862.6	3087.2
清耕	1997.6	771.8	2769.4

（Shutak and Christopher 1952）

後有機物マルチをして1～3年目よりも、さらに継続した場合に優れることが明らかにされています。しかし、有機物マルチによって根群域が浅くなります。

マルチの効果を持続させるためには、10～15㎝の厚さに保持することが望ましいとされています。

有機物マルチ資材

マルチ材には、分解が遅い上に、肥料成分の少ないものが適しています。資材はバーク（樹皮）、木材チップ、おが屑、籾殻、落ち葉などが良く、これらは半年ほど積み重ねて一度熱を持たせ、風雨にさらしてから、単一であるいは混合して使用します。

参考までに、マルチの種類が栽培中の地温に及ぼす影響を**表8**で示します。これは、マルチ下10㎝における午後3時の地温（1992年）の測定を表したもの。マルチの処理にあたり、1990年4月に植えつけたのは2年生のポット苗。1樹に12ℓのピートモスを混合。土壌は排水の良好な細砂壌土。樹間0・9m、樹列は3m。マルチ幅は1・2mでトリクル灌水（88頁参照）をしています。

表8　マルチの種類がサザンハイブッシュ栽培中の地温に及ぼす影響

処理	4月13日～5月15日	7月15日～8月15日
パインバーク	21.5℃	31.2℃
白黒色ポリ	22.5	38.4
黒色ポリ	25.8	44.2
黒布	24.9	40.8
無マルチの土壌	27.6	37.0
気温	21.4	33.8

注：パインバークの厚さは15.3㎝
（Magee and Spiers 1996）

樹冠下は木材チップをマルチ。樹列間は草生管理している

全面を木材チップなどの有機物でマルチしている

高畝にして植えつけ、バークをマルチ。樹列間は草生（雑草）

樹冠下は防草マルチをし、樹列間は裸地

ところでバーク、木材チップ、おが屑は、新鮮なものを使うと有害な化合物が放出され、ブルーベリーの葉にクロロシス症状（葉緑素の生成が不完全となって起こる黄化、白化現象）や枝枯れ症状などが発現する場合もあります。

稲わら、麦わら、堆肥は肥料成分を多く含み、その上、分解が早いため、マルチ資材としての使用は勧められません。これらは、いずれも土壌pHを高め、樹の成長に好適なアンモニア態窒素濃度を下げるからです。

樹冠下は防草マルチ。樹列間は草生

マルチ資材の補給

有機物マルチは、毎年風雨にさらされ、分解して減耗します。この減耗分を、紅葉期から落葉期間中に追加することが重要です。これにより、冬季間の土壌乾燥を防止できます。

中耕のポイント

中耕とは、通常、作物の生育期間中に、除草と通気を促す目的で、畝間の土壌を軽く耕す作業をいいます。ブルーベリー栽培では、収穫期が終了してからあまり間を置かずに、樹列間を浅く耕すことをさしています。

全面を防草マルチにしている

収穫後の園地は、特に樹冠下の外周は成長期間中、風雨にさらされ、また各種の作業で踏み固められています。その上、収穫期間中に落果した傷害果や病害虫果が散在しています。このような状態のままにしておくと、土が硬くなって通気性・通水性が悪くなり、病気や害虫の生息密度が高まります。

具体的には、収穫期が終了してか

通路のチップなどを株元に寄せる中耕作業

ら、お礼の施肥と除草を兼ねて、さらに樹冠内に落下している過熟果、障害果、病害虫を樹列間に集めて、表面から10〜15㎝の深さまでの層を耕し、混合します。また、畝間の土壌を株ぎわに寄せつける土寄せ（培土ともいい、中耕の一種）を行います。

そうすることで、樹冠周囲の通気性・通水性が改善され、病気や害虫の生息密度が低下します。

雑草の防除

草は、牧草でも雑草でも、土壌有機物の増加、根圏土壌の団粒化、土壌浸食の防止などの働きをしています。一方、雑草の根は、ブルーベリーの根とほとんど同じ深さに伸長しているため、養水分の競合が起こります。また、雑草は、ブルーベリーの幼木期（樹高が低い）には日光とも競合します。さらには病害虫の寄主、病原菌の繁殖場所となります。

ハルジオン

オオイヌノフグリ

雑草の根は、ブルーベリーの根とほとんど同じ深さに伸長している

雑草の種類

有機物マルチをして育てている場合、雑草の伸長は少ないはずです。それでも雑草は、いつの間にか生えてきます。

普通栽培園で多く見られる雑草は、1年生ではコニシキソウ、スベリヒユなどです。2年生雑草ではハコベ、ホトケノザ、ナズナ、多年生ではハルジオン、スイバ、スギナなどです。

これらの種類の雑草は、家庭で、有機物マルチをして育てている場合でも、生えてくるでしょう。

除草

多くの雑草は、1株当たり1000から10万粒以上の種子を着けるといわれます。また種子は硬実で、土中で何年も発芽しないものもありますから、防除は非常に困難です。

家庭で育てている場合、最も勧められる除草法は、除草剤を使用せず、雑草は見つけしだい、手で抜き取ることです。ブルーベリー樹の健全な成長とおいしい果実の収穫を期待しながらの除草は、また楽しいはずです。

水の働きと灌水管理のポイント

土壌水分が不足すると土壌が乾燥し、根の吸水が困難になって各種の生理的活動が抑制され、樹の成長は悪くなり、収量、品質が劣るようになります。水分不足がひどい場合には、樹は枯死します。

ブルーベリー樹の健全な成長と果実生産のために必要な水量（要水量）は、一般的に、降水に依存しています。しかし、自然の降水は、時期、量ともに不安定なので、樹が必要としている時期に、要水量を補う灌水が必要です。

水分不足のため、葉がしおれたり、枯死したりしている

ここでは、まず灌水管理の基礎情報として水の機能について要点を整理します。次に、灌水量の基準を取り上げ、最後に、家庭で育てる場合および小規模栽培園に勧められる灌水法を紹介します。

水の機能

水は、植物体の最も多い構成物です。ブルーベリーについて見ると、枝（主軸枝や旧枝）では重量の70％、葉が90％以上、果実では85％が水分です。これは、全ての器官の生理機能は、さまざまな量を伴う水分ストレス（水分欠乏の状態）の影響を受けることを意味しています。

水分不足は、生理的には、葉からの蒸散作用を減退させ、葉の光合成活動を制限し、呼吸作用を抑制します。

形態的には、短期的な水分不足では、葉のしおれ、成長点の枯死、果実の萎縮などとして現れます。このため、樹の生育と果実の収量に大きな影響を与えます。

土壌中の水の役割

土壌中の水（土壌水）は、根で吸収され、根から主軸枝→旧枝→新梢→葉へと移動し、蒸散作用によって葉から放出されます。

土壌水には、土壌中の無機成分、有機成分、酸素、二酸化炭素などが溶けていて、実際には土壌溶液となっています。土壌水の働きは、次のように整理できます。

- 樹に吸収利用されて、成長を促進させる。
- 土壌成分を溶かし出して、植物に

必要な養分（成分）を供給する。

●比熱が大きく、高温時には蒸発に伴って大量の熱を奪い、低温時には結晶して熱を放熱し、地温の急激な変化を抑える。

●水は表面張力と凝集力が比較的大きいため、土壌孔隙中に保持されやすく、また、土壌中を移動しやすい。

樹体内での水の役割

水は、樹体内では、次のような重要な役割を果たしています。

●多くの栄養分を溶解させ、物質の化学反応を容易にし、樹体のさまざまな器官、組織への移動を容易にする。

●電解質をイオン化し、化学反応を促進する。

●呼吸、光合成活動、転流など通常の生理活動を保持する。

●植物体の急激な温度変化を防ぐ。

水分不足（土壌の乾燥）による果実のしおれ（鉢植え樹の観察）

灌水管理のポイント

ブルーベリー樹の健全な成長のために必要とする水量（要水量）は、通常、自然の降水と人為的な灌水によってまかなわれています。

日本の場合、降水量は成長期、休眠期ともに多いのですが、時期的にも量的にも均一ではありません。このため、樹の年間の成長周期に合わせて、適量の水を施す灌水が必要です。

しおれた果実だったが、灌水2時間後にはしおれが回復

樹の成長周期と灌水時期

特に灌水が必要なのは、夏の降水量が少ない時期です。例えば関東南部では例年、梅雨明け後の7月中・下旬～8月下旬にあたります。

この時期は果実の成長期から成熟期間中で、また昼・夜ともに温度が高く、枝葉の繁茂が旺盛で蒸発散量が多い時期です。灌水によって、樹勢や果実収量の低下が抑えられます（**表9、表10**）。

灌水適期の判断

灌水が必要な時期と灌水量は、乾燥の頻度と期間、土壌の有効水分、樹の耐乾性や根群の深さなどによって異なり、その判断が大変難しいといわれて

表9　灌水量の差異がラビットアイ「ティフブルー」の樹高および果実収量に及ぼす影響

処理（1週当たり灌水量 ℓ）	樹高（cm）							果実収量（kg/樹）					
	1986年	1987年	1988年	1989年	1990年	1991年	1992年	1988年	1989年	1990年	1991年	1992年	計
3.3	71	103	125	149	173	188	223	2.36	2.15	6.23	5.78	7.18	23.25
6.6	78	122	139	171	195	201	240	2.64	2.96	7.24	7.44	8.86	29.14
13.2	76	121	143	176	211	218	254	3.37	3.69	8.20	6.79	9.79	31.74
26.4	87	128	141	180	212	216	249	3.23	4.04	90.2	8.06	9.80	34.15
有意差	*	*	NS	**	***	**	*	NS	***	***	*	*	***

＊5％レベル、＊＊1％レベル、＊＊＊0.1％レベルで有意、NSは有意差がないことを示す
（Spiers　1996）

表10　灌水がラビットアイ「ティフブルー」の樹勢、葉の症状、樹高および果実収量に及ぼす影響

処理	樹勢[1)]	クロロシス（葉の症状）[2)]		樹高（cm）	果実収量（g/樹）	
	1981～82	1979～80	1981～82	1982	1981	1982年
灌　水	4.4a[3)]	3.4a	4.4a	160a	254a	2872a
無灌水	1.7b	3.1a	1.2a	30b	5b	6b

1）肉眼による評価：0＝枯死、1＝樹勢が最も弱い、5＝樹勢が最も強い
2）肉眼による評価：0＝枯死、1＝最もクロロティック、5＝最も軽いクロロティック
3）異なる英文字間に5％レベルで有意差がある
（Spiers　1983）

います。

栽培面積が大きい経済栽培園の場合、最も勧められるのは、テンシオメーター〔土壌と水の間に働く吸引力（水分張力）の測定装置〕を、園に設置して土壌水分を測定し、乾燥の程度や灌水の時期を判断するものです。

家庭で育てている場合および小面積の栽培園では、灌水時期（乾燥状態）は、一般に土壌表面の色、土を手で握ったときの感触、新梢の先端葉のしおれ程度などの感覚から判断されています。これらの方法はいずれも客観的でなく、特に葉のしおれから判断した場合は、樹は、すでに水分欠乏の状態にあります。

灌水量の基準

蒸発散量に基づく基準

より精度の高い灌水量の基準は、ブルーベリー樹の蒸発散量を測定して導き出したものです。アメリカの栽培指

導書では、灌水量は、夏季、1日、1樹当たり6・4㎜（半旬では32㎜）が基準とされています（プリッツとハンコック 1992）。この基準によると、実際の灌水量の目安は、灌水の基準量の32㎜（半旬）から半旬別降水量を差し引いた水量になります。

この基準を実際栽培に応用するためには、自園地のその時々の土壌の有効水分と雨量の測定装置が必要です。

簡便な方法

蒸発散量を基準とした灌水量の決定は、精度が高いといっても、実際の対応には難しい点があります。

そこで、健全な成長を示している樹の場合、樹齢別に、夏季、1日、1樹当たりの灌水量を基準とする簡便な方法が勧められています。

- 苗木の植えつけ後1～2年間の幼木期には2～3ℓ（5日間隔で10～15ℓ）とする。
- 3～7年生の若木では、4～5ℓ（5日間隔で20～25ℓ）。
- 7～8年生以上の成木では、9ℓ（5日間隔で45ℓ）。

灌水の間隔

灌水の間隔は、5日置きとします。間隔が短いと、水量が多過ぎて土壌が過湿になり、根腐れ病の発生を助長し、養分の溶脱をもたらして、樹の成長、土壌の性質に悪影響を及ぼします。逆に、間隔が長過ぎると、土壌水分が不足して乾燥害を招きます。

梅雨期間中や降水量の多かった旬には、灌水を控えるか、量を少なくすることはもちろんです。果実の成長期間中、土壌が乾燥して果実に軽いしぼみが発現した状態のときに灌水した場合、ラビットアイ樹（枝）ではしぼんだ果実は回復するものの、ノーザンハイブッシュでは回復が見られず、果実は、やがて枝とともに枯死することが観察されています。

灌水方法

灌水方法には、いくつかあります。代表的なものは、スプリンクラー方式（散水式）とトリクル方式（ドリップ灌水式など）の二つで、栽培面積の大きい経済栽培園では一般的な方法です。この場合、専用の灌水施設や設備が必要です。

どちらの方式を選ぶかは水源の確保（園の近くに大きい池や沼・泉などがある）、汲み上げ能力、樹高および植えつけ間隔、霜害や病害虫防除のために使用するかしないか、などを基準として決めます。

スプリンクラー方式　この方式には樹上と樹下の二つあります。いずれもパイプやノズルなどの施設費が高くつくが、どのような地形でも設置できるのが特徴です。

また、土壌構造の破壊や肥料分の溶脱が少なく、寒害や凍害、塩害の防止

チューブによる灌水

スプリンクラーによる散水

ホースで水を与える（手作業）

に役立ち、さらには農薬散布などに利用できることが利点です。しかし、灌水量の15～20％が蒸発によって直接失効するのが欠点です。

トリクル方式　この方式には多孔パイプ式やドリップ灌水式がありますが、いずれもホースまたはチューブに極細のビニールチューブ（径0・5～1・0㎜）を取りつけ、比較的低圧で灌水するものです。

この方式は灌水許容面積が広い、灌水ムラが少ない、樹体に水が直接かからないため病害の発生が少ない、などが長所です。

その他の方法　ホースで1樹ずつに灌水する方法があります。この方法は、個別のブルーベリー樹の生育状況に応じて灌水量を調節できるのが特徴です。樹冠下に平均的に散水することが望ましく、水源は一般的には水道水か地下水です。

家庭で育てている場合や小規模の栽培園でも、水源からホースを引き、1樹ずつ灌水する方法が勧められます。この場合、旬ごとの天気、枝の先端葉や果実の成長程度などを観察しながら、樹齢別の灌水基準量に従って灌水します。

灌水日が収穫日と重なった場合、灌水する時間帯は、当然ながら果実の収穫後とします。

栄養特性と施肥、栄養診断

ブルーベリー樹は、成長に必要な栄養分のほとんどを土壌から吸収しています。しかし、土壌中の養分量だけでは不足するため、樹齢と時期に応じて栄養分を補給する、いわゆる施肥が不可欠です。

施肥を適切に行うためには、ブルーベリー樹の栄養特性を知り、その上で、肥料の種類、施肥量、時期、施肥位置などについての知識が必要です。

ブルーベリー樹の観察（視察会＝山形県鶴岡市）

鉄欠乏症状。土壌pHが高い土壌に多くみられる

ブルーベリー樹の栄養特性

作物が健全に成長するためには、多種類の養分を好適な土壌条件の下で、適当な割合で吸収しなければなりませんが、その条件は作物によって異なります。これが、いわゆる栄養特性です。

ブルーベリー樹の場合、次の三つが特筆されます。

酸性土壌で成長が優れる

ブルーベリー樹の成長が酸性土壌で優れる（好酸性の理由）のは、次のような生理的特性によるものです。

・酸性土壌で溶出する高濃度のアルミニウム（Al）、マンガン（Mn）に対して耐性がある。ちなみに、他の作物は、これらの成分濃度が高い土壌では、成長が悪くなる。

・酸性土壌で溶解度が劣る塩基、特にCa、Mgの要求量が少ない。これらの成分濃度が高くなると、通常、土壌pHも高くなる。

・酸性土壌で安定して存在するアンモニア態窒素（NH_4-N）を好む。

アンモニア態窒素で成長が優れる

樹の成長がアンモニア態窒素で優れる（好アンモニア性）のは、次の特性によると考えられています（**図15**）。

・酸性土壌では、アンモニア態窒素が安定した窒素源であるため、環境（酸性土壌）適応の結果である。

図15　施用N（窒素）形態およびpHレベルの相違がラビットアイ
「ティフブルー」の地上部や地下部の成長に及ぼす影響

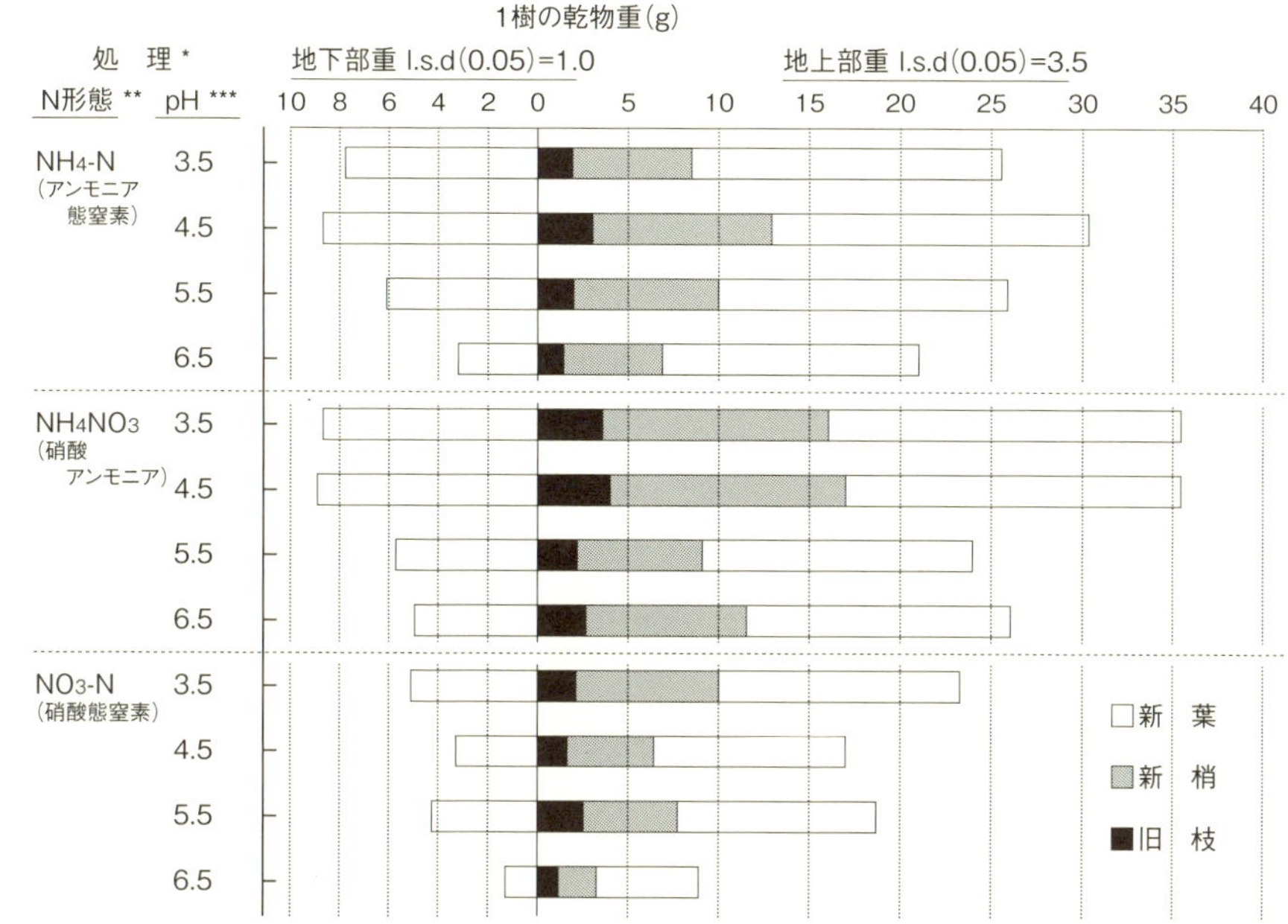

付記 1：2000年の4～10月まで、無加温のガラス室内で、水耕法（完全培養液）で育てた培養液の組成は、ここには示さなかった

2：NH_4-Nは（NH_4）SO_4で、NO_3-Nは$NaNO_3$で与えた

3：pHは週に3回（月、水、金曜日）、H_2SO_4とNaOHで調整した

（出所）Tamada, T. 2004.

・多くの作物では、吸収したアンモニア量が多くなると過剰障害が起きる。ブルーベリーでアンモニア過剰障害がみられないのは、吸収した過剰なアンモニアをグルタミンやアスパラギンなどに変換して、解毒する能力が高いのではないかと推察されている。

葉中無機成分濃度が低い

健全な成長を示すブルーベリー樹の葉中無機成分濃度の適量範囲、成長が脅かされる欠乏ならびに過剰のレベルは、他の高木落葉性果樹と比較して低いことです。例えば、ラビットアイの葉中N成分の適量濃度は1・20～1・70%ですが、これはリンゴとモモの欠乏レベル（2・0%）よりも低い値です。

ブルーベリーのタイプで比較すると、全成分の葉中濃度は、ノーザンハイブッシュがラビットアイより高くなっています。これは、樹齢が同じ場合、同一園でも、ノーザンハイブッシュの施肥量は、ラビットアイよりも多く要することを意味しています。

施肥のポイント

前述したように、施肥にあたっては、タイプや品種に共通して、肥料の種類、施肥量、施肥時期、施肥位置は重要な管理技術です。

肥料の種類

ブルーベリー栽培で用いられる肥料は、一般的にN（窒素）、P（リン酸）、K（カリ）の3要素を含む化成肥料です。

N肥料はN成分の形態によって、アンモニア系、硝酸系、尿素系、シアナミド系、緩効性の五つに分類されます。

ブルーベリーは代表的な好アンモニア性植物なので、施用するN肥料の形態はアンモニア系の硫酸アンモニアが最も一般的です。また、尿素系、尿素を含んだ緩効性窒素も適しています。

化成肥料は、成分量によって普通化成と高度化成に分けられます。普通化成は、3要素の合計量が15％以上30％未満のもので、広く使用されています。

高度化成は3要素の合計が30％以上のものであり、原料として尿素やリン酸アンモニアを用いたものです。普通化成に比べて成分量が多いため、施用にあたっては、過剰にならないように注意が必要です。

施肥様式

施肥様式は、大きくは、固形肥料を土壌表面に散布する土壌施肥（soil application）と、灌水チューブを用いて液肥を灌水液に溶かして与える液肥灌水（液肥灌漑、fertigation）の二つに分けられます。普通栽培では、ほとんどが土壌施肥です。

施肥量

ここに示した施肥例（**表11**）は、ア

表11　ブルーベリーの樹齢別施肥例（1樹当たり施肥量）

植えつけ後の年数（植えつけ年）	年間の施用量（g）	1回当たりの施用量（g）および時期（株元から30cm以上離して散布）
1	42～62	21～31gを植えつけ6週間後、それから6週後に1回
2	84～126	21～31gを萌芽直前、それから6週ずつの間隔で3回
3	112～168	28～42gを萌芽直前、それから6週ずつの間隔で2回、果実収穫後
4	168～252	42～63g。施肥時期は3年以降同じ（計4回）
5	228～340	57～85g。施肥時期は3年以降同じ（計4回）
6	280～420	70～105g。施肥時期は3年以降同じ（計4回）
7年以上	280～420	70～105g。施肥時期は3年以降同じ（計4回）

12-4-8式肥料をN成分を中心にして8-8-8式（普通化成）に換算した　（Himelrickら1995から作成）

メリカ・アラバマ州における樹齢別施肥例を参考に、筆者が勧めているものです。肥料の種類は、N：P：Kが1：1：1の割合の普通化成肥料としています。また、施用量は1樹1回当たりの量とし、時期は関東南部を基準にしています。

幼木期　地上部、地下部ともに樹体重が小さいため、1樹、1回当たりラビットアイが21g、ノーザンハイブッシュとサザンハイブッシュでは31gを標準とします。

幼木樹は円周状に肥料を施す

若木期　通常、樹冠の拡大が急激に進む期間であり、また果実収量も増加するため、施肥量は樹齢とともに増やします。なお、1回の施用量は、表中の低い数値がラビットアイ、高い数値がノーザンハイブッシュとサザンハイブッシュの場合とします。

成木期　一般的に、ブルーベリー樹は植えつけ後6～7年で成木になります。それ以降は、果実収量と品質が安定する成木期です。栄養成長と生殖成長のバランスが取れた剪定が行われている場合、樹齢の進行に合わせて施肥量を増やす必要はないでしょう。

施肥時期と施肥位置

施肥時期は、若木期から成木期の間、春肥《はるごえ》、追肥《ついひ》2回、礼肥《れいごえ》の年4回を標準とします。

春肥　春肥とは、葉芽の発芽前の春季に施す肥料（施肥法）のことで、関東南部では、3月下旬に施用します。4月から5月上旬～中旬の果実の成長、春枝の伸長に必要な養分を満たすためのものです。

追肥　追肥は、春肥と礼肥との間に行います。1回目は、春肥が果実や春枝の枝葉の成長のために吸収され、また土中から流亡して不足した状態になっている5月上旬～中旬に施用します。収穫時期が遅い品種では、6週間後にもう一度追肥します。

礼肥　礼肥とは、果実の収穫終了後に施与される肥料のことで、できるだけ早期に施します。

礼肥は、果実の成長、成熟、新梢伸長に消費された養分を補給するものです。礼肥によって葉の光合成活動が活発化するため、樹体内の貯蔵養分が増加し、枝上の花芽の充実がはかられ、さらに翌年の新梢伸長が良好になります。収穫が終わった品種ごとに、表土を軽く耕す中耕を兼ねて行うことが、勧められます。

施肥位置　実際の施肥では、その位置が非常に重要です。特に幼木樹は根群域が浅いため、株元1か所に全量を施すと、濃度障害から根が枯死する危険があります。そのため、幼木樹には、株元から半径15～30cmの範囲に、円周状に散布します。

若木や成木樹では、根群域が比較的深く広くなっています。しかし、株元から伸長している5～10本の主軸枝には、それぞれに対応した根を持つ傾向があるため（主軸枝の方向と根の伸長方向が同じ）、肥料は、株元から30～75cmの範囲に円周状に散布します。

散布後は、マルチ資材と軽く攪拌します。また、散布時に、肥料が湿った葉に付着しないよう注意します。付着すると葉焼けが生じたり、落葉したりします。

栄養診断（葉と土壌の分析）

葉や果実に現れた特異な症状から要素（養分）の過不足を判定する、いわゆる栄養診断は、施肥管理を改善するために行います。

栄養診断には、葉分析と土壌分析（診断）の二つの方法があり、いずれも栽培面積が広い経済栽培の場合には必要な管理法です。分析のためには葉や土壌資料の採取法、資料の調整、各種成分の分析装置が必要です。そのため、栽培者個人による分析は、困難であると思われます。栄養診断の必要性も含めて、地域の農業改良普及センターやＪＡ（農業協同組合）などの指導機関に相談されることを勧めます。

主要成分の欠乏、過剰症状

葉に現れた主要な成分の欠乏、過剰症状は、実験によって明らかにされています（写真は口絵12頁参照）。ここでは、実際栽培園で最も多く見られる事例を二つあげます。

窒素（N）

健全な成長のために適量な葉中N濃度は、ノーザンハイブッシュが1・8～2・1%、ラビットアイが1・2～1・7%です。N施用量が適切な場合、葉は濃緑色を呈して大きく、新梢伸長が適度で、樹は健全な成長を示します。

一般に、N肥料は多用される傾向があります。多肥によって、旺盛な新梢が多数発生し、大きくて暗緑色の葉を着け、新梢伸長の停止期が遅れます。その結果、花芽の形成は少なくなり、果実の成熟が遅れます。また、枝の硬化が不十分なまま冬季を迎えて、凍害を受ける危険性が高まります。

逆に、N施用量が少ない場合には、葉中N濃度が欠乏レベルになり、新梢の発生数は少なく、長さが短くなります。つまり、樹勢が弱くなり、また果実収量も少なくなります。

N欠乏症状は、新梢の下位葉が全体的に小さくて、黄緑色となります。

鉄（Fe）

Fe欠乏症は、特にラビットアイに多く発現します。一般的な症状は、主脈や側脈が緑色を呈する葉脈間クロロシスで、クロロシスの部分は、明るい黄色からブロンズ色まで多様です。新梢の若い葉によく発現しますが、葉の大きさは正常葉と変わりません。

葉中Feの適量レベルの範囲には、幅があります。それは、Fe欠乏症状は、土壌中の絶対的なFe含量の不足によるよりも、むしろ高い土壌pH、高い葉内のpHレベル、高濃度のPやCa、重金属によるFe吸収の抑制などによって発現するからです。

Fe欠乏症状が、春枝が完全に展開した以降でも発現している場合には、まず、硫酸アンモニア肥料を施用して土壌pHレベルを下げ、症状の回復程度を観察します。欠乏症状が硫酸アンモニアの施用で回復した場合、原因は高い土壌pHレベルに起因しているため、改めて硫黄を散布します。

生育過程と結実、果実成熟

果実が結実、成熟しなければ、果樹栽培の目的は達成されません。その前提となるのが、花芽分化、開花、受粉および受精です。受精後、結実した果実は、一定周期の成長曲線を描いて成長（肥大）し、成熟します。

これらの一連の生育過程は、基本的に、花芽から、花および果実の生理的・形態的変化によるもので、外的条件（環境条件）と栽培管理に大きく左右されます。

極早生品種では、7月下旬になると春枝上に花芽の着生が見られる

生育過程と結実

ここでは、花芽分化→開花→受粉→受精・結実までの過程（発育段階）を結実管理とし、各発育段階と生理的変化、環境条件、栽培管理との関係について取り上げます。

花芽の着生・分化

花の原基は、枝の先端に着く花芽の形成に始まります。

ブルーベリーの花芽は花房のため、芽の内部にある栄養分裂組織が肥厚し、その基部に小花の先端が初めて出現したとき（6〜7月）を花芽分化期といいます。

花芽分化に影響する条件

花芽分化は、樹体内の生理的条件と

外的条件に影響されます。

炭水化物と窒素の比率　花芽は、樹（枝）体内の炭水化物と窒素の比率（C－N率）で示される同化産物の量的関係で分化します（ガフ1994）。すなわちC－N率が大きい場合には花芽分化が促進され、低い場合には栄養成長が続きます。

枝のC－N率が低い場合に、花芽分化の遅れや着生花芽数が少ない事例は、普通栽培園でも認められます。例えば、窒素過剰によって秋遅くまで伸長した新梢、日影で伸長している枝、夏季に落葉があった新梢などです。

日長　ブルーベリーの花芽分化は、いずれのタイプでも、短日条件下で促進されます。

ノーザンハイブッシュの春枝を用いた実験によると（ハルら1963）、伸長停止後8週間（ハウス栽培、温度は21℃に一定）日長処理を行ったところ、花芽分化は、14、16時間日長区よりも、8、10、12時間日長区で早まりました。

健全葉　花芽分化と花器の発育に健全な葉が必要なことは、栽培経験からもよく知られています。

例えば、花芽分化期前の夏季に、病気や強風の影響でかなり落葉した枝（樹）では、花芽分化が見られず、また同一花房内の小花数が少なくなることです。

花芽分化期

花芽（花房）分化期は、タイプと品種によって、同一品種でも地域によって異なります。

関東南部における観察では、花芽分化期間（春枝の先端の芽）は、ノーザンハイブッシュの「ジャージー」が7月下旬～9月中旬、ラビットアイの「ウッダード」が8月中旬～9月中旬でした。分化後、花器の発育は急速に進み、年内には胚珠が発生しています。

花芽分化期は、枝の種類によっても異なり、春枝では早く、夏枝や秋枝では遅くなります（**図16**）。

開花

花芽は、自発休眠の覚醒に必要な低温要求量が満たされた後、適当な温度が得られると開花します。

開花時期

開花の早晩と開花期間は、品種によって、また同一品種でも気象条件によって異なります。気象条件のうちでは、気温に最も大きく左右されます。

南北に長い日本列島では、開花は南の地域から始まり、次第に北へと移ります。例えば、ノーザンハイブッシュの多くの品種は、例年、東京では4月上旬から開花し始めますが、北海道札幌市での開花は5月中旬ころからです。

同一花房上の開花順序

1品種の開花期間は、通常、3～4週間にも及びます。それは、同一枝で

図16　花芽分化と結果習性

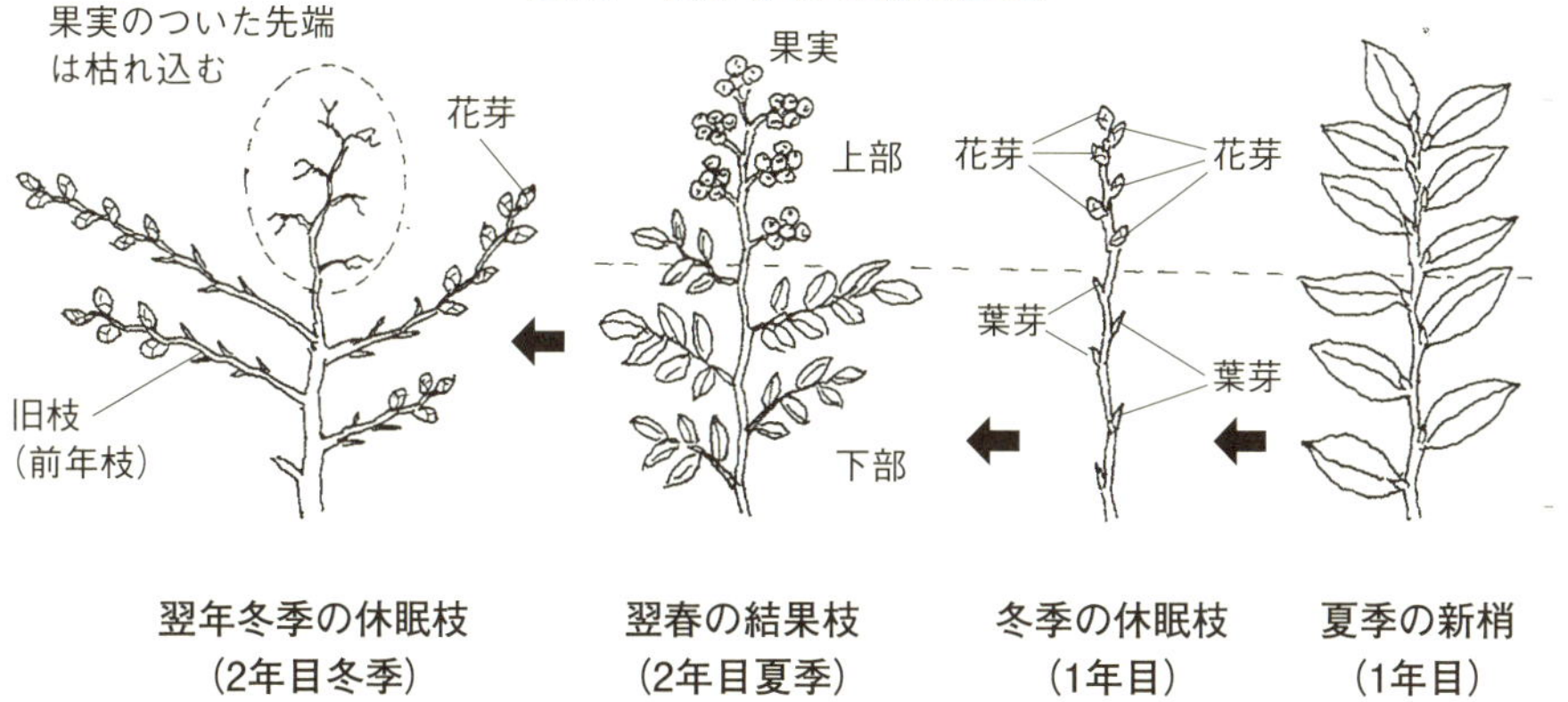

も花芽の着生位置によって、また同一花房でも開花に遅速があるためです。一般に、枝上では先端の花房が早く開花し、基部に向かって遅れます。花房内では基部の小花が早く開花し、先端のものが遅くなります。

受粉

花粉が、雌ずいの柱頭に付着する現象を受粉といいます。受粉は、花粉の品種の別から自家受粉（同一品種間の受粉）と他家受粉（異なる品種間の受粉）に分けられます。

花芽の開花順。同一枝上では、開花は先端部の花房から始まる

訪花昆虫による他家受粉

経済栽培では、いずれのタイプ、品種でも、訪花昆虫の放飼による他家受粉が一般的で、ミツバチの巣箱を10ａ当たり1群（約2万匹）を一箱、設置します。

特にラビットアイの品種は、多くが自家不和合性が強いため、ミツバチによる他家受粉が必要です。

アメリカでは多目的ネットをかけ、ミツバチの放飼効果を高める例もあります。いずれにせよ他家受粉によって、結実率が高まり、果実が大きくなり、さらに成熟期が早まります。

家庭で育てる場合や小規模栽培園では、訪花昆虫の放飼は、通常、困難でしょう。自然の訪花昆虫（ミツバチ、マメコバチ、マルハナバチ類、ハキリバチ、ハナアブ類）によって他家受粉ができるよう、数品種の混植が勧められます。

ニホンヒゲナガハナバチの飛来

マルハナバチによる他家受粉

ミツバチによる他家受粉

人工授粉

庭先で数本育てている場合、長期の天候不順で訪花昆虫が飛来しなかったときには、一般的ではありませんが羽根箒（授粉用のものがある）や耳かき用の綿棒、絵筆を使って授粉することが考えられます。

異なる2品種以上の花を交互に授粉させるようにします。開花期間に授粉が完了すると、花弁が6～7日で落花します。しかし、ブルーベリー樹では他の果樹のように人工授粉をすることはごくまれで、必ずしも現実的ではありません。

結実

小花の受粉可能期間は、品種により異なり、一般に、ノーザンハイブッシュでは5～8日、ラビットアイでは約6日とされています。

受粉が行われた以降は、花粉の発芽、花粉管の伸長、そして受精の過程を経て結実します。

受精可能期間

雌ずい（めしべ）の受精可能期間は、開花後6～8日間です。ノーザンハイブッシュの「ブルーレイ」を用いた研究によると（ダーネル2006）、開花8日後でも受精が可能でした。また、ラビットアイの受精可能期間は、開花後6日まででした。

受精の兆候（小花の反転）

受精すると小花の形態（外観）に変化が現れ、その兆候を観察できます。

受精した場合には、それまで下向きであった小花柄と小花は反転して上向きになり、花の器官は閉じ、花冠はやがて褐色になり落下します。

これに対して、受精しなかった小花は、ワインカラーに変色して10日以上も花房上に残り、その後に落下します。

胚珠の発育

ハイブッシュとラビットアイの実験結果では、受粉後、花粉管が伸長して花柱を通って胚珠に達するまでに、4日間を要しています。

しかし、多くの場合、胚珠（発育して種子になる）の80％は発育不良でした。その主な原因は、不受精によるもので、小花の開花後3～4週の間に起こっています。

開花期間中の低温、晩霜、降水、強風などの不良な気象条件による直接的な障害に加え、訪花昆虫の活動の抑制などもあって、最終的な結実率は55～100％の間とされています。

小花の反転。受精が完了すると、小花は上向きに反転し始める

摘蕾・摘花と生理落果

摘蕾・摘花

ブルーベリーでは、これまで摘蕾・摘花（蕾《つぼみ》や花、幼果を摘み取り、果実の着き過ぎを防ぎ、栄養を行き渡らせるようにする）がふつう行われてこなかったが、近年になり、大玉生産を目的として、摘果が励行されるようになっています。

受粉が十分に行われ、受粉が完了するとよく結実する

図17　結果枝の花芽の剪定と摘蕾・摘花

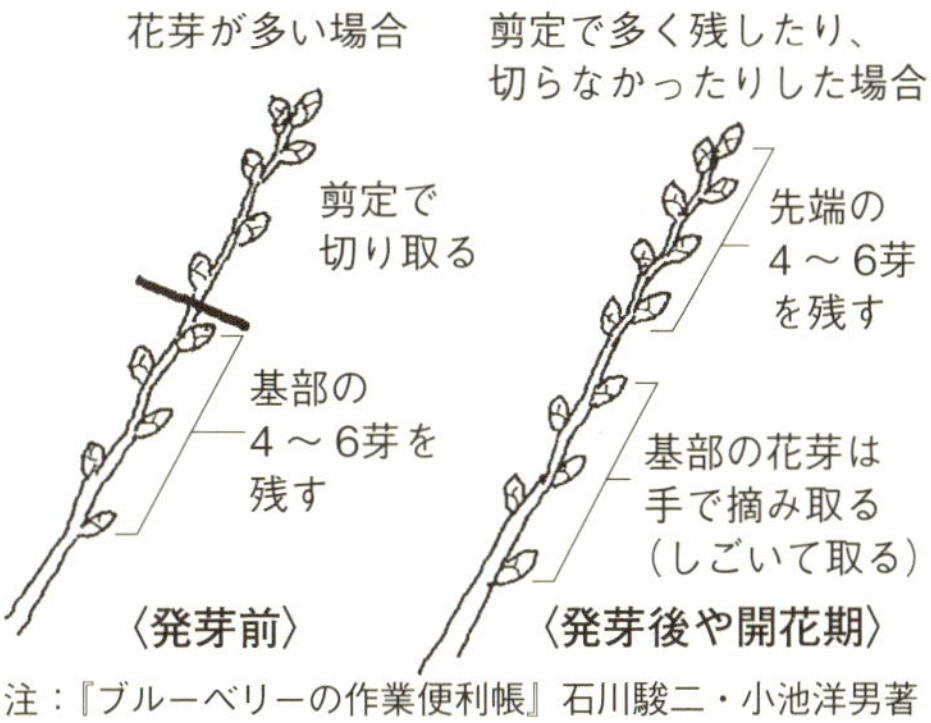

花芽が多い場合
剪定で多く残したり、切らなかったりした場合
剪定で切り取る
基部の4～6芽を残す
先端の4～6芽を残す
基部の花芽は手で摘み取る（しごいて取る）
〈発芽前〉
〈発芽後や開花期〉

注：『ブルーベリーの作業便利帳』石川駿二・小池洋男著（農文協）をもとに作成

この場合、長さが10cm以下の枝に着いた花芽、果実は摘果することが勧められます（**図17**）。

枝および樹の着生花芽数が多い特徴を持つ品種では、摘花（房、果）が特に勧められます。

ノーザンハイブッシュではブルークロップ、ブルーゴールド、ミーダーなど、サザンハイブッシュではエイボンブルー、ブラッデン、ミスティーおよびサファイアなどです。これらの品種では摘蕾、摘花（房、果）しない場合、花芽数と葉数とのバランスが崩れるため、果実は小さくなり、また、翌年の結果枝《けっかし》となる新梢の発生が少なくなると考えられています。

生理落果

生理落果（養分の消耗を防ぐため、果樹が自然に実を落とすこと）は、大きくは2回認められます。1回目は開花3〜4週間後であり、2回目は果実の成長周期第Ⅰ期からⅡ期への移行期にかけてです。

その原因について、ノーザンハイブッシュで調べたエドワーズの結果（1972）に照らし合わせてみると、1回目の生理落果は不受精による胚珠の死亡が主な原因であり、2回目は主に胚珠の生育不良によると推察できます。

2回目の時期は、日本ではちょうど新梢伸長が盛んな時期であることから、果実間および果実と新梢間の養分競合によって胚珠の生育が不良になるためではないかと考えられます。

果実の成長

果実は、結実して以降、一定の曲線を描いて成長します。この曲線を成長曲線といいます。

ブルーベリー果実の成長曲線は、三つの段階（周期）に区分され、それぞれの周期によって生理的・形態的変化に特徴があります。

果実の成長周期

ブルーベリー果実は、いずれのタイプと品種でも二重S字型曲線を描いて成長します。このため、成長周期は、果実重、横径、縦径ともに三つの段階（期）に分けられます（**図18**）。

成長周期第Ⅰ期は、果実が急激な成長を示す段階（幼果期）で、細胞分裂の時期です。

第Ⅱ期は成長（肥大）の停滞期で、果実内の種子（胚と胚珠）が急速に発育する期間です。

その後、ふたたび成長が盛んになる第Ⅲ期（最大成長期、最大肥大期）は、個々の細胞の肥大期です。果実の大きさは最大に達し、果皮は赤色に着色を始め、全体が明青色（青紫色）になって成熟します。

成熟期の早晩と成長周期

成熟期の早晩は、タイプや品種の相違にかかわらず、成長周期第Ⅱ期の長さと密接に関係しています。

第Ⅱ期の長さは、タイプや品種で異なります。成熟期が早いノーザンハイブッシュとサザンハイブッシュは、成熟期が遅いラビットアイよりも、また、同一のタイプで、早生品種は晩生品種よりも第Ⅱ期が短期間です。

さらに、同一品種でも、成熟の早い

図18　ノーザンハイブッシュ果実の成長周期（玉田ら 1988）

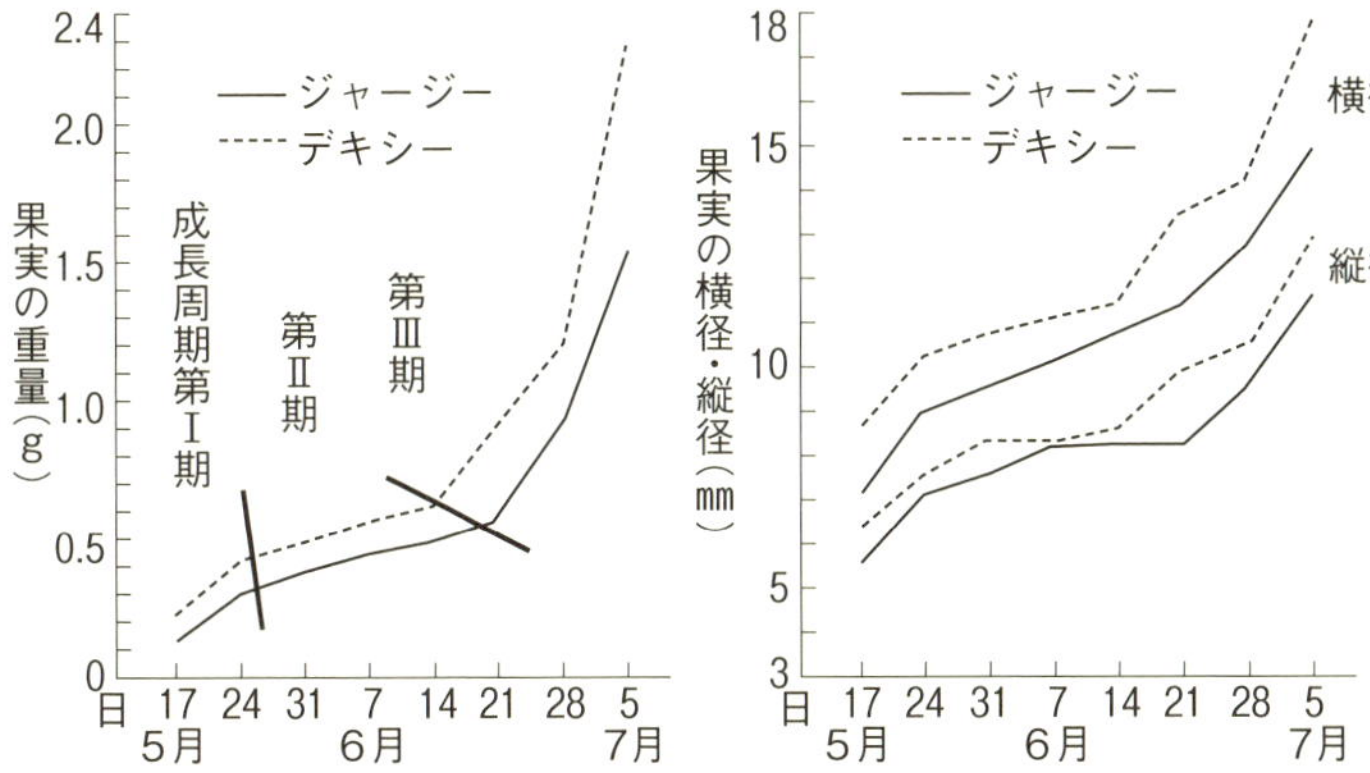

果実は、遅いものよりも第Ⅱ期の期間が短くなります。

果実の成長、成熟と気温・日光

ブルーベリー果実の成長が、成長期の気温によって左右されることは、栽培経験上よく知られています。

一般的に、日中温度が10℃から25～30℃までの範囲内では、果実の成長と成熟は、低い温度よりも高い温度条件の下で早まります。

成長期間中の夜温は、果実の成長に大きく影響します。ラビットアイの「ベッキーブルー」を用い、日中温度と夜間温度を2段階ずつ設けた試験によると（ウィリアムソンら1995）、夜間温度が21℃（日中温度が26℃）の場合には、夜間温度が10℃（日中温度が26℃と29℃）の場合よりも、果実重は小さくなる傾向がありました。

成熟が、日光の照射量によって影響されることもよく知られています。樹冠上部で日光をよく受けている果実は、他の位置の果実よりも成熟期が早く、糖度が高いことです。

果実の成熟

ブルーベリー果実の成長周期第Ⅲ期は、着色段階とほぼ一致しています。この期間中に、果皮色、糖度、酸度、肉質などの変化が顕著に進み、成熟します。

着色段階の区分

成熟過程における果実の形態的・生理的変化について比較するために、着色段階は六つに区分されています。

①未熟な緑色期

(Immature green, Ig)

果実は硬く、果皮全体が濃緑色の段階。この段階は、まだ果実の成長周期第Ⅱ期である。

②成熟過程の緑色期

(Mature green, Mg)

この段階から、果実の成長周期第Ⅲ期に入る。果実はわずかに軟らかくなり、果皮全体が明緑色の段階。果実中の糖が多くなり始める。

③グリーンピンク期（Green - pink, Gp）

果皮は全体的に明緑色であるが、がくの先端がいくぶんピンク色になった段階。

④ブルーピンク期（Blue - pink, Bp）

果皮は全体的にブルーであるが、果柄痕のまわりがまだピンク色をしている段階。

果実の着色段階。同一枝、同一花房中でも着色段階が異なる

⑤ブルー期（Blue, B）

果皮全体がほとんどブルーであるが、果柄痕の周囲にわずかにピンク色が残る段階。

⑥成熟期（Ripe, R）

果皮全体がブルー（品種本来の果色）に着色した段階。

種子は、果皮が赤色（ピンク）になる段階では茶褐色に成長している

成熟に伴う化学的変化

前述したように、果実の成長周期第Ⅲ期は、着色から完熟までの期間です。

この期間の果実内の化学成分の変化が、ノーザンハイブッシュの「ウルコット」で調べられています（バリンガーとクッシュマン　１９７０）。この着色段階と果実成分の化学的変化との関係は、おいしい果実の収穫適期を示しています（**図19**）。

果実のアントシアニン　アントシアニン色素は、着色段階に入ってから急激に増加しています。さらに段階の進行とともにアントシアニン含量が増加し、完全な青色になった果実（成熟果）で最大となっています。

果実の糖　ブルーベリーの主要な糖は、果糖（フルクトース）とブドウ糖（グルコース）で、全糖に対して90％以上を占めています。

果実重、全糖、可溶性固形物含量

図19　果実の成長段階による果実重、可溶性固形物、全酸（クエン酸として）、アントシアニン含量の推移

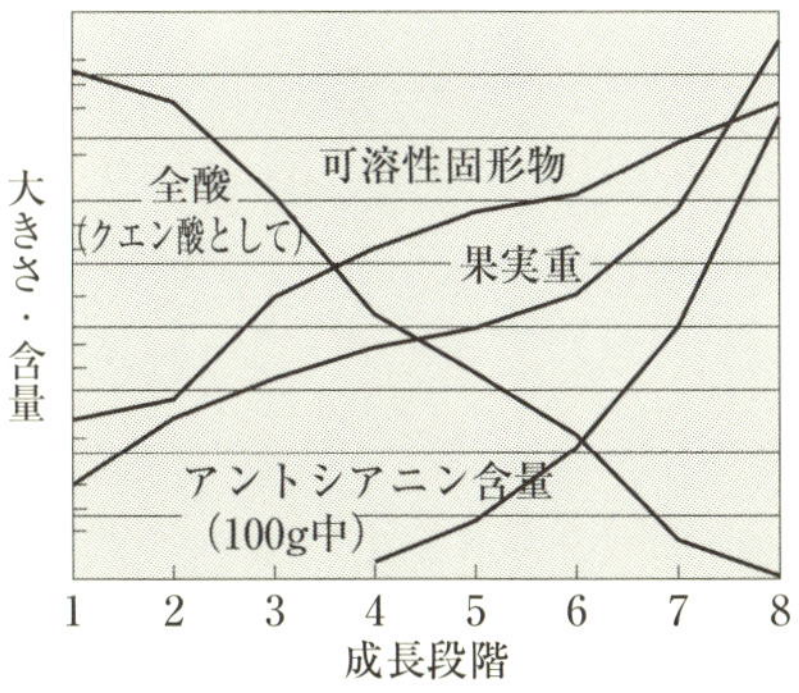

1　果実は小さく果皮が深緑色
2　果皮が明るい緑色
3　がくのまわりがわずかに赤色
4　果皮の半分くらいが赤色化
5　果皮がほとんど赤色化
6　果皮全体が青一色
7　果皮が全体に青色
8　軸のつけ根まで完全に着色

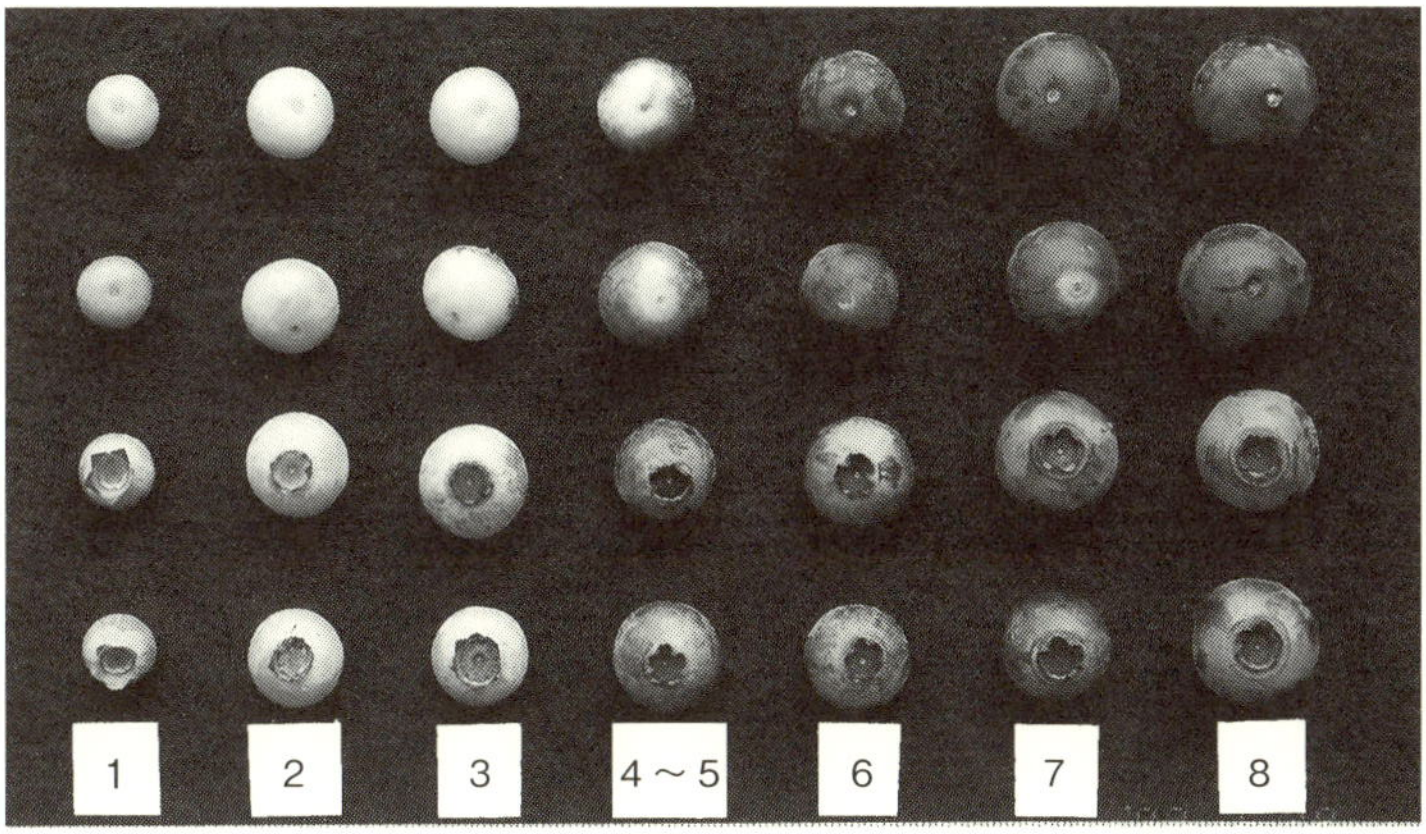

果実は着色期になると急激に肥大するとともに、アントシアニン色素含量も増加する

は、果皮が全体にブルーの段階から急激に増加し、完全に着色した段階の成熟期に最高値に達しています。

果実の酸　果実の有機酸の種類は、タイプによって異なりますが、主としてクエン酸、コハク酸、リンゴ酸、キナ酸です。

クエン酸含量は、果実重、全糖と可溶性固形物含量が増加したのと同じ段階で大きく低下し、完全に着色した状態のときに最低の含量を示します。

食味　果実の食味（風味）は、一般的には可溶性固形物含量（糖度）とクエン酸（酸度）の比率で表す糖酸比によって決定されます。

糖酸比は、通常、着色段階の進行に合わせて高くなります。

成熟に伴う物理的変化

果肉の肉質　果実の肉質（果肉の硬さ）は、着色段階の進行とともに軟らかくなります。その過程は、成熟ホルモンといわれるエチレンによって細胞壁加水分解酵素の合成が促進され、細胞壁のペクチンが可溶化し、果肉が軟化することによると考えられています。

果実の分離　ブルーベリーでは、果実と小果柄との離れ方（分離）が果実の着色段階によって異なります。

着色段階の緑色期（Mg期）の半ばまでは、果実と小果柄が合体したまま分離します。それ以降の成熟過程では、果実だけが分離しますから、成熟果は、果実を軽くひねる程度の力で、収穫できます。

大粒でおいしい果実　これまで見てきたように、ブルーベリーは、着色段階の進行とともに大きくなり、アントシアニン含量が著しく増加し、糖度が高まります。逆に、酸含量は低下し、糖酸比が高くなって、いわゆる、風味のあるおいしい果実になります。

経済栽培でも、家庭で育てている場合でも、「大きくて、風味があっておいしく、その上健康に良いアントシアニン色素含量の多いブルーベリー」は、いずれのタイプ。品種であっても、成熟果だけが該当します。

果実の収穫と選果・出荷の基準

ブルーベリーでは、着色段階（成長周期第Ⅲ期）に入った果実はさらに大きくなり、着色が進み、糖分が増加して酸度は低下します。果肉は軟かくなって、いよいよ成熟期（収穫期）を迎えます。

大粒でおいしい果実を収穫するためには、まず、収穫適期を見きわめ、的確な判断をすることが重要です。次に品質保持のために、収穫上の細かい注意点を守ることです。出荷にあたっては、消費者に信頼される商品にするために守るべき種々の基準があります。

収穫果は、消費されるまでの間も呼吸やさまざまな生命活動を行っています。このため、品質の劣化を抑えるために、低温管理による貯蔵が求められます。

成熟果（サザンハイブッシュ）

果実の収穫

1樹当たりの収量

果実収量は、厳密には成木1樹当たりの花房数、花房の開花小花数、花数に対する成熟果の割合、成熟果の平均重、1樹の最終的な収穫果数の五つの要素によって構成されます。

しかし、一般的には、タイプと樹形から、おおよその1樹当たりの収量を判断しています。

樹形が大きいラビットアイは1樹当たり4〜6kg、次いでノーザンハイブッシュが3〜5kg、サザンハイブッシュは2〜4kgが標準とされています。樹形が最も小形のハーフハイハイブッシュは0・5〜2・0kgです。

収穫期と収穫適期

収穫期　南北に長い日本列島では、収穫期は、西南暖地で早く、東北地方や北海道では遅くなります。

関東南部の場合、収穫期は極早生品種の6月上旬から始まり、中生品種、晩生品種と続き、極晩生品種の9月上旬までの3か月間にも及びます。

1品種の収穫期間は、通常3〜4週間です。

収穫適期　ブルーベリー果実は、収穫後にデンプンが糖化して糖度（可溶性固形物含量）が高まることはありません。すなわち、樹上で完熟する果実ですから、収穫適期の見きわめが非常に重要です。

収穫適期は、主として果皮の着色の程度から判断されています。大きくて、風味があっておいしい果実は、アントシアニン色素が果皮全体を覆ってから5〜7日後に収穫したものです。それは、果皮全体がブルーに着色してから、品種本来の良好な風味に達するまでに数日を要するからです。

手収穫の一例。肩から提げた底の浅い容器に両手で摘み取る

収穫方法

収穫方法には、機械収穫と手収穫の二つあります。

機械収穫は、海外の大規模栽培園では一般的な収穫方法です。その様式は、ブルーベリー樹をまたいで走行する大型機械を運転し、備えつけられている軟らかい棒で、枝（地上部全体）を振動させて成熟果を振るい落とすものです。

そのため、成熟果とともに小枝や葉、障害果や未熟果が混入していますから、成熟果の選果施設と相当量の作業を必要とします。また、収穫機械による果実は、障害果が多く、日持ち性が劣るとされています。

アメリカの家族農場や小規模栽培園では、今でも手収穫が行われています。

日本では、現段階では経済栽培でも家庭で育てる場合であっても、全て手収穫です。

手収穫上の注意点

手収穫は、アントシアニン色素が果皮全体にまわっている完熟果を選別して、手で摘み取る方法です。

収穫量には個人差と熟練の差がありますが、経済栽培の場合には、平均で成人一人、1日当たり25～35kgのようです。

品質保持のためには、手収穫時に注意すべき点が多々あります。

①早取りしない

収穫の開始は、1樹全体で15～20%の果実が完熟状態になったときとします。それ以降は、5～7日ごとに収穫します。

収穫間隔を守ることで、果柄痕が乾燥した状態になっている完熟果を収穫できるため、果柄痕からの水分蒸発によるしおれや、病菌の寄生による腐敗を防ぐことができます。

②朝霧が消散してから摘み取る

果実が朝露に濡れていると、各種のカビ病の発生率が高まり、品質が劣化しやすいためです。

③底の浅い容器に収穫する

果実の押し傷を少なくするため、収穫容器は深さ10㎝くらいの、底の浅いものとします。

④軽くねじって摘み取る

果房から引きちぎったり、引っ張ったりすると果柄痕が傷み、果皮がむけるなどして商品価値がなくなります。

⑤果粉を取り除かない

果粉は、果皮が美しい明青色に輝く果皮色と関係しています。果粉が落ちたり指紋がついている果実は、品質が劣っていると評価されます。このため、柔らかい手袋を使用して、できるだけ果粉に傷がつかないように注意して収穫します。

⑥収穫果は涼しい所に置く

収穫果は、果実温を下げるために、速やかに日影や涼しい所に置きます。

収穫果を高い温度下に置き、また太陽光に当てておくと、呼吸が高まり、果肉が軟らかくなるなど、品質の劣化が進むからです。

⑦取り残しをしない

成熟果を取り残すと、次の収穫日には過熟果となります。

過熟果は潰れやすいため、健全果と混在すると、果汁が染み出てまわりの果実を汚します。また、過熟果は病害虫の寄主となる恐れがあります。

収穫作業中、過熟果は除去し、樹列間に3～5㎝の穴（靴のつま先で土を蹴る程度でできる穴の大きさ）を掘り、埋めます。

⑧障害果の除去

病害虫による被害果や裂果などの障害果は、見つけしだい収穫容器に入れずに除去します。

選果・出荷の注意事項

経済栽培では、果実が出荷（販売）されて、初めてブルーベリー園の経営が成立します。

ブルーベリー果実は、他の果実と比較して、果皮、果肉が軟らかく、日持ち性が劣ります。その上、多くの品種は6月から8月までの高温多湿の時期に収穫、出荷されるため、果実の品質保持には特に注意を要します。ここでは、良品質の生果を出荷するために、守るべき一般的な注意事項について述べます。

家庭で育てている場合であっても、市販されている果実品質についての情報は、消費者として、また果実を利用・加工する視点からも、参考になるはずです。

収穫果の保管と選果

収穫果の傷みや軟果など品質の劣化は、高温条件で進行し、低温条件では抑制されます。そこで、収穫は、まず朝霧が消散してから気温の低い午前中に、メッシュの入った底の浅い容器に摘み取り、直射日光に当てないよう物陰に置きます。その後、一定量がまとまったら、低温な場所に運びます。

次に、選果（選別）作業に移ります。作業は、施設全体が低温に保持されている選果場で行うのが望ましく、海外の大規模栽培園では常設されています。

収穫果をテーブル上の大きい容器に広げ、未熟果や過熟果を除去する

しかし、日本では、独自の選果場を備えている例は少なく、多くは他の作物と共用の作業場で行われています。一般に、テーブルや大きい容器に広げて果実温を下げ、収穫時に混合した葉、果軸、未熟果や過熟果、傷害果などを除去し、最後に、指定の出荷容器に詰められます。

収穫果の低温処理（予冷）

収穫した果実を、できるだけ早く低温条件下に置く予冷は、経済栽培では非常に重要な管理の一つで、収穫後4時間以内に、1℃で貯蔵するよう勧められています。

ノーザンハイブッシュを用いた試験結果では（ハドソンら 1981）、圃場温度から速やかに0℃（低温）まで下げた場合、低温にしなかった場合と比べて、日持ち性は8～10倍も高まり、呼吸速度は8倍も低下していまし

表12　予冷（2℃で2時間）および無予冷（10℃）後、21℃に置いた果実の腐敗率（%）

処理	10℃までの時間	10℃で3日間貯蔵		10℃で3日間貯蔵後21℃に保持			
				24時間		48時間	
		1976年	1977年	1976年	1977年	1976年	1977年
無予冷	24	2.0a[2)]	3.3a	6.8b	9.2c	24.9c	26.2d
無予冷	48	3.8b	4.7b	15.0c	17.8c	32.0d	32.9c
予　冷	24	1.9a	2.7a	2.6a	2.6a	13.6b	15.9b
予　冷	48	1.5a	3.0a	2.9a	2.9a	15.4b	21.9c
予　冷[1)]	—	0.9a	1.8a	1.8a	2.5a	2.5a	7.4a

（Hudson, D. E.. and W. H. Tietjen 1981）
1）処理期間中2℃で継続した　　2）異なる英小文字間には5%レベルで有意差がある

た（**表12**）。これは、予冷によって呼吸速度が弱まり、果実の生理代謝と関係している果実の軟化、組織の崩壊が遅れたことによるものです。

家庭で育てている場合でも、収穫後あまり時間を置かずに家庭用冷蔵庫で果実温を下げると、品種などによる差異があるとはいえ、10～15日くらいは長く日持ちします。

出荷の基準

日本では、今のところブルーベリーについての出荷規格や基準がありません。しかし、今後は、栽培者と消費者の双方に共通理解される一定の基準が必要になると考えられます。

ここでは、アメリカの例を紹介します（USDA 1995）。等級の基準および欠点果実の内容があげられています。

等級区分　等級区分については、次のように解説されています。

・同一品種である。

・クリーン（Clean）である。具体的には、果実が泥、ほこりなどで汚れていないこと、果実に害虫の糞粒や他の異物が付着していないこと、などです。

・着色が優れていること。着色の程度で、果皮表面の2分の1以上がブルー（青色）、青紫色、青赤色、青黒色であること。

このように果色の表現が多いのは、成熟果の着色が品種によって異なるた

糖度を計測する

めです。

・過熟でない。いわゆる、完熟期が過ぎていないことです。過熟果は、果肉が軟らかくなり、手で触ったときに、ぶよぶよした感じで、生食はもちろん加工にも利用できません。

・裂果して、潰れて果汁が染み出ていない。裂果や降雹《こうひょう》によって果皮が破れたり潰れたり、また腐りかけて果汁が染み出して果実表面が濡れていないことです。

摘み取ったばかりの果実

欠点果実　欠点果実を含まないこととして、次の五つの状態があげられています。

・果軸が着いていない、また果房の状態でない。

・カビが生えていない。

・腐敗していない。

・病害果、虫害果、傷害果（果実表面に傷がある）でない。

・萎縮果（果皮に皺がより、萎びているもの）、裂果、障害果、緑色果を含まない。

なお、カビが生えた腐敗果、過熟果、潰れた果実、裂果、果汁の染み出ている果実、萎縮果、病害果、虫害果、果皮の50%以上に傷のあるものを「重欠点果」としています。

収穫果（ラビットアイ）

容器に詰めて出荷する

果実の階級

アメリカの場合、階級は果実の大きさの区分で、1カップ（237㎖、2分の1パイント）に入る果実数から、次の四つに区分されています。ただし、この区分は品種特性の調査のための基準であり、等級選別の対象ではありません。

- **極大**（Extra large）　1カップに90果以下の大きさ。
- **大**（Large）　90～129果。
- **中**（Medium）　130～189果。
- **小**（Small）　190～250果。

出荷容器

果実を入れる容器と包装は、流通段階における果実品質の劣化の進行を抑え、日持ち性と輸送性を保ちます。

日本では、まだ、容器の大きさは統一されていません。店頭でよく見かけるのは、一つは、100g入りのプラスチック製のもの（高さ4・5cm、上部の直径が10cm、底部の直径が8cm、側部が網目状）で、フタの中央部にシールが貼られています。もう一つは、125g入りの容器とフタが一体となった、ポリエチレン製のクラムシェル形容器（二枚貝のように開く）です。いずれの場合も、シールには果実の絵や生産者名などが表示されています。

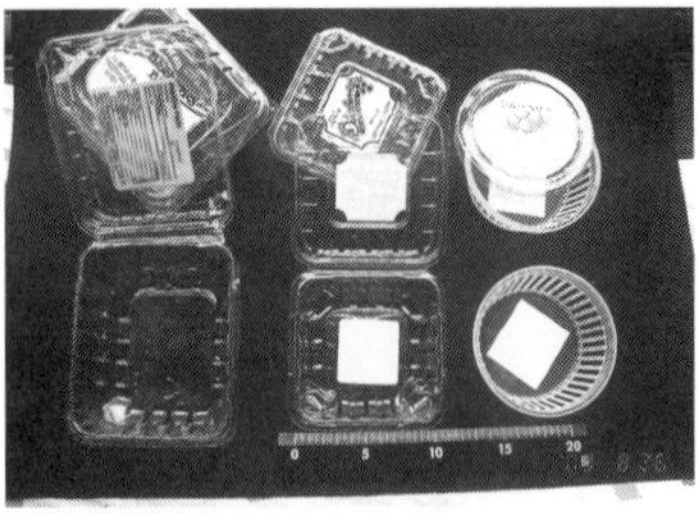
長方形、正方形、円形の容器

出荷するために容器に詰めた状態

出荷台の容器入りブルーベリー

果実の鮮度

適期に収穫後、適切に選果、予冷された果実が店頭に並んだ時点で、消費者が最も重視する品質要素は、果実の鮮度です。

アメリカの事例では、店頭に並んでいるノーザンハイブッシュ果実の鮮度調査では、平均で15・2%の欠点果実が見つかっています（カッペリーニ　1982）。その内訳は、3分の2は菌による腐敗果で、残りは過熟果、萎縮果と機械による傷害果でした。腐敗果の主な菌は、炭そ病菌、灰色カビ病菌、アルタナリア菌（フルーツロット）の3種類で、発生部分は90%が果柄痕でした。

この結果は、ブルーベリー果実の菌類の発生が、果柄痕の状態と深く関係していることを示しています。

なお、過熟果、萎縮果、障害果などの欠点果実は、多くが選果の過程で見過ごされたものです。より注意して選果することで、欠点果実の出荷を少なくできるはずです。

収穫果の品質保持と貯蔵

ブルーベリー果実は、その大部分は水分（86・4％）です。そのうちの5％程度が失われると、商品価値がなくなるとされています。

このような水分の減少による収穫果の品質劣化の進行は、収穫後、速やかに低温条件下に置くと抑制できます。また、低温貯蔵やCA（Controlled atmosphere）貯蔵（制御されたガス環境下での貯蔵）することで、比較的長期間の貯蔵が可能です。

ファスナー付きポリ袋に入れた冷凍果実

低温貯蔵

収穫果の品質を一定に保持（生果で販売、生果としての利用）できる貯蔵方法は、低温貯蔵（冷蔵貯蔵）です。

低温貯蔵は、温度0～1℃、相対湿度85～95％の条件下で貯蔵するもので、果実は、2～3週間は市場出荷できる品質の状態を保持できるとされています。この場合、果実が凍る危険温度は、マイナス1・3℃ですから、0～1℃の温度で凍結することはありません。

貯蔵温度が果実重の低下に及ぼす効果は、品種により異なりますが、ノーザンハイブッシュを用いた試験によると（ボーナスら 1997）、1℃で3週間貯蔵後の果実重の低下は、「デキシー」が2・5％、「コビル」が25％でした。

低温貯蔵施設（設備）は、経済栽培の場合、ぜひ設置したいものです。

家庭で育てている場合、経済栽培の出荷基準と同様に、選果（未熟果、過熟果、病害果、虫害果、裂果、果柄、小枝や葉などを取り除く）し、パックに入れて、家庭の冷蔵庫（温度を5℃くらい）で保存します。通常、7～10日間は生果と変わりなく利用できます。小分けして使用する場合は、必要量だけ取り出し、残りは速やかに冷蔵庫内に戻します。温度差が品質の劣化を早めます。

CA貯蔵

この方法は、収穫果の貯蔵期間を長くするために、貯蔵庫内の酸素（O_2

表13　0℃で8週間貯蔵したブルーベリー果実の品質に及ぼす品種および大気組成の差異

処理	果実重の減少(%)	果実の硬さ(ジュロメーターの単位) 貯蔵前	果実の硬さ(ジュロメーターの単位) 貯蔵後	赤色果	果皮面のカビ(%)	腐敗果(%)
品種(C)						
デューク	1.07	64.2	57.3	3.0	1.08	4.8
トロ	1.47	59.5	60.3	2.1	2.07	4.4
ブリジッタ	0.75	54.7	59.3	1.5	0.26	5.2
オザークブルー	0.66	56.3	44.9	7.4	2.50	7.7
ネルソン	0.67	56.3	41.7	3.6	0.00	5.1
リバティー	0.89	56.3	61.0	0.9	0.06	3.0
エリオット	1.34	51.6	47.8	0.7	0.06	14.2
レガシー	1.54	54.8	61.3	0.6	0.14	3.4
ジャージー	2.34	46.3	26.4	0.4	0.75	15.7
主効果(C)9	*	*	*	*	*	*
大気組成(T)						
19%CO_2+2%O_2	3.37	—	45.0	0.6	0.11	5.8
18%CO_2+3%O_2	1.31	—	50.3	0.2	0.06	5.4
16.5%CO_2+4.5%O_2	1.20	—	49.0	0.6	0.23	5.8
15%CO_2+6%O_2	0.94	—	50.6	0.4	0.11	6.7
13.5%CO_2+7.5%O_2	1.12	—	51.8	1.0	0.33	6.0
12%CO_2+9%O_2	1.13	—	51.9	0.9	0.11	6.8
6%CO_2+15%O_2	1.10	—	55.5	3.2	0.30	7.2
0%CO_2+21%O_2	0.25	—	54.9	11.2	4.90	12.6
主効果	*		*	*	*	*
相互作用(C×T)	*		*	*	*	NS

(Alsmairat et al. 2001から作成)
＊は5%レベルで有意であることを、NSは有意差がないことを示す

濃度を大気中よりも下げ、炭酸ガス濃度（CO_2）を高めて貯蔵するものです。このような条件下では、果実の呼吸や生理機能は抑制され、品質の劣化が抑えられます。大規模な経済栽培園では、低温貯蔵と同様に、設置したい施設（設備）です。

ノーザンハイブッシュを用い、CO_2濃度とO_2濃度の全体を21％とした範囲内で、CO_2％／O_2％を、19％／2％から0％／21％までの8段階設け、0℃で8週間貯蔵後の果実品質が調べられています（アリスメルトら２０１１）。その結果、果実の硬さ、果皮の赤み、腐敗はCO_2濃度に比例して少なくなり、果肉の崩壊はCO_2濃度に比例して高くなっています（**表13**）。

これまで、適切なO_2濃度とCO_2濃度を求めて、両者を種々のレベルで組み合わせた研究が多数行われてきました。結果を整理すると、使用した品種が異なっても、多くの場合、O_2濃度が2

選果後、洗わずにポリ袋に入れ、凍結貯蔵する

カナダ（バンクーバー）で市販の冷凍果実

%以下では果実の風味がなくなります。また、CO_2濃度が低い場合（10％以下）、あるいは逆に濃度が高い場合（CO_2が15、20、25％）には、いずれでも腐敗率が高くなり、果実の軟化および果肉崩壊の進行することが明らかにされています（レタマレスとハンコック2012）。

総合すると、ブルーベリー果実に適切なCA条件は、温度が0～1℃、O_2濃度が2～5％、CO_2濃度が10～12％の範囲とされています。

なお、日本に輸入されている海外産ブルーベリー生果は、例外なく、輸送中CA貯蔵されていたものです。

マイナス20℃以下の温度で貯蔵。ポリ袋を用いると、庫内で摘み重ねができる

冷凍貯蔵

冷凍果は、通常、収穫果を出荷基準に従って選果した後に洗浄し、マイナス20℃以下の温度で急速冷凍したものです。果実が1果ずつバラバラになっている、IQF（individually quick frozen バラ凍結）です。

ブルーベリージャムやジュースなどの各種加工品は、多くの場合、この冷凍果実を原料にしています。ブルーベリー果実は凍結、解凍しても、酸化による急激な変化が起こらず、組織や構造の損失が少ないからです。

家庭果樹として育てている場合には、冷蔵貯蔵の場合と同様、選果後、果実を洗わずに、小分けして凍結させ貯蔵します。厚めのポリエチレンの貯蔵袋を用い、平たく伸ばして空気を抜いて封をします。こうすれば凍結しやすく、庫内でも積み重ねができます。

強風害などの気象災害と対策

ブルーベリー栽培では、経済栽培でも家庭で育てている場合でも、強風害、霜害《そうがい》、雪害、雹害《ひょうがい》、干害などの予期しない気象災害に遭遇することがあります。

これらの気象災害には、季節性、地域性があります。災害の種類によって樹体の被害部位は異なりますが、対策法は限られています。

園全体を防鳥ネットで覆う

強風害と防風対策

適度の風は、園内や樹冠内の風通しを良くして、病害虫の発生を少なくする効果があります。しかし、強風は、樹体の各部に被害をもたらします。

特に被害の大きいのは、成熟期の台風です。強風によって、果実の落下、果実と枝葉との擦り傷、落葉などが見られます。さらに被害が酷くなると、枝梢の折損、樹の倒伏などが生じます。

こうした被害を受けると、収量が減じ、品質が低下することはもちろん、樹の倒伏は栽培の存続をも左右します。

防風対策は、経済栽培園では、園の周囲を、地面から2～3mの高さに、網目3㎜のネットで囲む方法が一般的です。

家庭で育てている場合は、樹冠の中心付近に、樹冠より少し高めにポールを打ちこみ、株全体を防風ネットで囲む対策が勧められます。

霜害の症状と対策

霜害は、春と秋に結露を伴った霜(低温)に遭遇すると、低温に弱い樹体部分が凍死するものです。春の晩霜害と秋の初霜害の二つがあります。

ブルーベリー栽培では、地域によりますが、晩霜害が多く見られます。問題となる晩霜の時期は、ほとんどが開花期間中で、関東南部では4月中旬～5月中旬です。この時期は、花芽の萌芽、開花に伴い耐凍性が急激に失われているため、樹体温がマイナス2～3℃でも被害を受けます（「栽培にあたっての立地条件」を参照)。

被害を受けた花や幼果は、茶褐色になってしおれ、やがて落下しますから、収量は減少します。しかし、防霜対策はほとんどとられていません。

初霜害は、秋遅くまで伸長していた新梢の未成熟の部分(一般的に枝の先端から数節下位の部分まで)が、初霜に遭って枯れるものです。通常、花芽が着生していない枝に見られます。

被害枝は、冬季剪定で切除します。なお、枝が秋遅くまで伸長するのは、多くの場合、肥料の効果が遅く現れたことによるものです。

晩霜害。開花時期に低温に遭うと、花房ごとしおれてしまう

雪害と対策

多量の降雪に伴い発生する被害で、ブルーベリー栽培では、主として、積雪の沈降力による旧枝や主軸枝の折損などの、機械的障害です。

地域性があり、北海道、東北、甲信越、北陸地方などの降雪量が多い地域では、雪害対策をとる必要があります。

雪の沈降力を軽減するためには、紅葉期の後半から落葉期間中に、樹冠のほぼ中央に折れにくい支柱を立て、樹を支柱にくくりつける、いわゆる「冬囲い」が一般的です。

降雨量の多い地域では、冬囲いが必要となる

具体的な作業手順は、まず鉄棒や太い木材の棒を、樹冠の中心部の土中にしっかり打ち込みます。次に、樹形を乱している徒長枝を切除し、最後に、荒縄で樹形をまとめ、支柱にくくりつけます。

冬囲いは、春の融雪後に解きます。

雹害と対策

雹害とは降雹による被害で、雹粒の衝突による葉や果実の損傷のことです。雹は径が5㎜以上、あられは径が5㎜以下の球形あるいは不整形の氷粒です。

対策は、多くの果樹では、網目9~12㎜の防雹網を、防虫網と兼ねて園全体に被覆する方法がとられています。しかし、ブルーベリー栽培では、経済栽培園でも、ほとんど対策がとられていないようです。

干害と灌水管理

干害は、無降水日数が長く続き、干ばつが発生して作物の成長が阻害され、減収や品質低下がもたらされる被害です。

ブルーベリー栽培では、通常、干害が問題となる時期は、梅雨が終了した後の7月中・下旬〜8月中・下旬で、果実の成熟（収穫）期間中です。

灌水施設がない園や、施設があっても灌水量が少ない場合には、水分不足による葉のしおれ、新梢伸長の停止、果実の肥大停滞や萎縮などが見られます。

対策として、前述したように（「水の働きと灌水管理のポイント」の節参照）、樹の成長段階（樹齢）に応じて、必要な1日当たりの水量を灌水することが大切です。

主要な病害虫の症状と防除法

ブルーベリーの葉、枝、花、果実、根など各器官は、各種の病気や害虫の害を少なからず受けています。特に、栽培規模の大きい経済栽培園では、長年の間に病原菌や害虫の密度が高まっています。このため、防除管理なくして樹の健全な成長を保持し、良品質の果実を安定的に生産することは、非常に困難になりつつあります。

一方、家庭で育てている場合には、病気や害虫被害の早期発見に努め、被害樹や枝、葉、果実などを除去する物理的方法で被害の程度を軽くすることができます。

ここでは、各地の経済栽培園で見られる大きな被害のうち、家庭で育てている場合、また小規模な園でも注意が必要な病気と害虫の種類を取り上げ、発生、症状、防除法について解説します。

なお、病名と害虫名は、日本の専門書を参考にしたもので（岸 1998、坂神・工藤 2009、梅谷・岡田 2003）、同定の結果ではありません。防除法については、農薬名は省略しています。

主要な病気

花に加害

灰色カビ病（Botrytis blight）

《病原菌》 *Botrytis cinerea* 日本の各種果樹にみられる灰色カビ病菌と同属。

《発生》 ブルーベリーでは、開花時期に、湿度が高い場合、また曇天が数日続いた場合などに、花と果実に多く発生します。

《症状》 花の場合、発生した花は褐色になり、霜で焼けたような症状になります。さらに、花は互いにくっつき、ホコリのような灰色の菌糸で覆われます。

湿潤な天気が長く続くと、若い枝や葉にも感染します。感染した小枝は、褐色から黒色に変わり、さらに黄褐色あるいは灰色になり、やがて枯れます。

《防除》 防除に最も効果があるのは、適切な剪定です。樹冠内部の混雑した枝を切除して空気の流れを良くすると、花の周囲の湿度が低下し、降水後の乾燥を早めるため、菌の活力が妨害されます。

灰色かび病とみられる症状

枝に加害

枝枯れ病（Botoryosphaeria stem canker）

《病原菌》 *Botoryosphaeria cotticis*　ウメ、ナシ、ブドウなどの枝枯れ病、リンゴ、カキの胴枯れ病菌と同属。

灰色カビ病に感染した果実

《発生・症状》 ブルーベリーでは、比較的温暖な地方で多く発生します。新梢にのみ感染し、感染後1～2週間のうちに枝上に小さな赤い部分がつくられ、4～6か月以内に円錐状になり、その後枯れます。

《防除》 この菌は、枯死した枝で越冬し、春から初夏の間に胞子を出して感染します。胞子の発芽には25～28℃の高温が適しているため、被害は暖地で多くなります。適度の剪定と枯れ枝の除去で、樹冠内部の風通しを良くすることが重要です。

葉に加害

斑点落葉病（Alternaria leaf spot）

《病原菌》 *Alternaria tenuissima* 菌によるもので、リンゴ斑点落葉病、ナシ黒斑病、モモ斑点病と同属の菌。ブルーベリーでは、葉と果実に感染します

《発生・症状》 葉の斑点（リーフス

ポット）は、径5～6㎜の赤褐色で丸いあるいは不規則な形を示し、周囲は赤色です。斑点の大きさは湿度によって変化し、多湿条件下では大きく、乾燥状態では小さくなります。葉で激発すると早期落葉を起こし、果実の肥大を阻害します。

果実腐敗症（フルーツロット）は、成熟前の果実に発生するのが特徴で、果実の花落ちの部分に、暗緑色のカビが発生します。

《防除》 菌の発育は多湿条件下で促進され、最適温度は、葉の斑点病では20℃くらいです。果実腐敗症では28℃くらいです。果実が過熱にならない段階で収穫し、収穫後はすみやかに低温状態にすることで、発生を抑えることができます。

果実に加害

マミーベリー（Mummy berry）

《病原菌》 *Monilinia vaccinii corymbosi* 各種果樹の灰星病、およびリンゴのモニリア病と同属の菌。

《発生》 ブルーベリーでは、果実（果実腐敗）と新梢（シュートブライト）に発生します。

《症状》 果実腐敗は、果実が成熟段階に入り、果色が青色に変化するまで現れません。感染した果実は、〝マミーベリー〟と呼ばれ、白色がかったピンク色あるいはサーモン色を呈して萎びています。果実はやがて落下します。

マミーベリー（モニリア）の症状

《防除》 花や葉は分生子によって、新梢は子嚢胞子によって感染します。このため、防除の基本は、子嚢胞子の発生を妨害して、葉や新梢への感染を防ぐことです。

根に加害

根腐れ病（Phytopthora root rot）

《病原菌》 *Phytopthora cinnamoni* ナシ、ビワ、リンゴなどの疫病菌と同属。

《発生・症状》 ブルーベリーでは、初夏のころに葉が黄化、赤褐色化し、時には葉縁が焼けた症状を示します。細根にネクロシス（壊死）がみられ、新梢伸長が悪くなり、さらに症状が進むと根は腐敗し、樹が矮化し、数年以内に樹全体が枯死します。

《防除》 水媒伝染性の強い土壌病害のため、特に排水不良園や過湿土壌で多く発生します。

防除のカギは、排水性、通気性・通水性の良い土壌に植えつけることと、適切な水管理にあります。

主要な害虫の種類と防除

被害が大きい（加害の多い）害虫を取り上げます。

枝に加害

ゴマダラカミキリ

(White-spottedlongicorn beetle)

《分類・形態》 *Anoplophora malasiaca*

主に柑橘やリンゴに加害しますが、ブルーベリーでも多くみられます。

成虫は、体長が35㎜ほどになり、背面は黒褐色で光沢があり、多数の白点が点在。触覚は灰白色で各節の基部は黒色です。

幼虫は、いわゆる〝テッポウムシ〟で乳灰色を呈し、老熟すると50㎜以上になります。年1回または2年に1回の発生で、幼虫で越冬し、5～6月に羽化します。

産卵は、多くは地際部から地上10～20㎝の部分です。ふ化した幼虫は表皮下に食入しますが、ほとんど被害部はみえません。しかし、2齢になると維管束部に、3齢で木質部に食入して大量の糞を排出するため、被害部は容易にわかります。

ゴマダラカミキリの成虫。新梢の表皮を食害する

ゴマダラカミキリによる主軸枝の加害。樹勢が極端に悪くなる

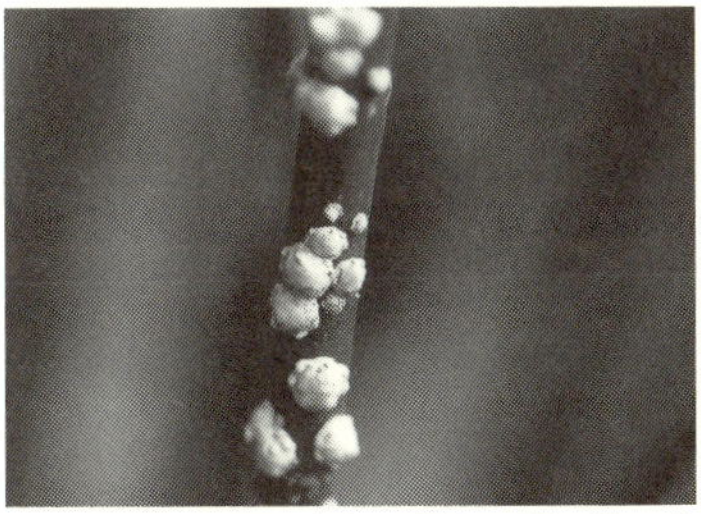
カイガラムシ類の寄生。勢力の弱い枝に寄生しやすい

《防除》 被害樹（主軸枝）を見つけたら、孔口（円形）から内部に細い針金を挿入し、突き刺して殺す方法が最も効果的です。

カイガラムシ類 (Scales)

《種類》 カイガラムシ類の種類は多いのですが、生態・被害の状況に共通点が多いことから、ここでは一括してカイガラムシ類とします。

《生態・被害》 枝（樹）の表面上に鈍い甲殻のような外見をして固着し、樹液を吸収して勢力を弱め、葉や枝上に分泌物をつけます。

《防除》 古い枝や樹、勢力の弱い枝に多く発生するため、被害枝を除去するか、軍手やゴム手袋をはめ、手でこすり取る方法が勧められます。

葉に加害

ケムシ類（Caterpillars）

《種類》 ケムシの種類は多数ありますが、生態・被害の状況に共通点が多いため、ここではケムシ類とします。

《生態・被害》 ケムシ類の幼虫は葉を食害し、その被害は甚大です。

《防除》 ケムシ類による食害は、若齢幼虫までに防除しないと効果が劣ります。見つけしだい、被害部を切除し、適切に処分します。

ハマキムシ類（Leaf rollers）

《種類》 ハマキムシの種類は複数ですが、生態・被害の状況は共通点があります。

《生態・被害》 この害虫は、葉を巻いたり、二つ折りにする習性があります。一化性（1年に1回だけふ化する性質）の種類は、年1回の発生で、幼虫は春から初夏にかけて出現し、葉ばかりでなく花や蕾も食害します。

これに対して、多化性のものは、年に数回発生し、後期の世代の幼虫は果実の表面にも食い痕を残します。

《防除》 見つけしだい、被害枝（葉）ごと切除し、適切に処分します。

ケムシ類の幼虫

葉の上のハマキムシ類

ハマキムシにより、葉が巻かれた状態

ミノガ類（Bagwormmoths）

《種類・形態》 多く見られるミノガ類は、オオミノガ（Giant bagworm, *Eumeta formosicola*）とチャミノガ（Tea Bagworm, *Eumeta minuscula*）の2種です。

オオミノガの蓑は、35㎜（雄）から50㎜（雌）の大きさで、紡錘形で外側に小枝をあまり着けません。これに対し、チャミノガの蓑は25～40㎜とオオミノガに比べて小形で、外側に葉片や小枝を密に縦に並べて着け、上方が角張り、下方は閉じています。

《生態・被害》 オオミノガの発生は年1回で、越冬は蓑の中で、終齢幼虫

ミノガ類は蓑の中で越冬

マメコガネの成虫

イラガ類のまゆ

葉を食害するイラガ類

で行われ、3月下旬ころから活動を開始して加害を続けます。蛹化および羽化の後、ふ化は7月下旬から始まります。

ふ化した幼虫は適当な場所で、最初は小円孔を穿って加害しますが、成長すると大きな円形の孔の食痕を残します。

チャミノガは年1回の発生、越冬は初齢幼虫で、蓑内で行われます。翌年、4月ころから葉、果実に加害し始め、時には樹皮までかじることがあります。7月中旬からふ化幼虫が現れ、若齢幼虫は葉の表皮を残して葉肉を食害し、落葉前に枝梢に移り、蓑を固定して越冬に入ります。

《防除》 捕殺が最も効果的です。枝ごと除去して焼却する方法が、勧められます。

マメコガネ（Japanese beetle）

《生態・被害》 *Popillia Japonica* マメコガネの成虫は、体長9～13㎜、体は黒緑色で強い光沢があります。幼虫態で、土中で越冬し、翌春、蛹化します。成虫は5～9月に発生し、初夏に最も多く見られます。昼間活動性で、日中盛んに飛び回り、葉や果実を食害します。

《防除》 成虫は1か所に数匹～数十匹固まる集合性が強いため、見つけしだい捕殺して密度を下げます。

イラガ類（Cochild moths）

《種類》 イラガ（Orien talmoth, *Monema flavescens*）とヒロヘリアオイラガ（*Parasa pida*）が重要です。幼虫が葉を食害します。

ブルーベリー栽培では、幼虫による食害と合わせて、収穫者の人体（特に手や裸の腕）に及ぼす害が問題となります。

特に観光農園の場合、摘み取り客が幼虫の棘毛《しもう》（体表にある腺毛《せんもう》）に触り、痒れるような痛みを感じて、収穫の喜びや風味を楽しむことよりも、不快な思いを抱くからです。それは顧客離れの一因にもなりかねません。

《生態・被害》 いずれの幼虫も、年1～2回発生します。弱齢幼虫は葉裏から葉肉を食して表皮を残しますが、中齢幼虫や老齢幼虫は葉縁から暴食します。

《防除》 幼虫の寄生を見つけしだい、葉あるいは枝ごと切除し、土中に埋め込み、圧殺する方法が勧められます。

果実に加害

オウトウショウジョウバエ

(Cherry drosophila)

近年、各地のブルーベリー産地で発生が見られ、その被害は甚大です。特に、これまで無農薬栽培をしてきた園では、経営の成否を左右する害虫といわれています。

《分類・形態》 *Drosophila suzuki* ショウジョウバエ科に属し、成虫は、体長3㎜弱で暗褐色です。卵は乳白色。ふ化当初の幼虫は白色で小さいため、発見が困難です。幼虫は、体長約6㎜の白色のウジ状です。

《生態》 寄主植物は多く、オウトウ、モモ、ブドウ、カキ、クワ、サクラ、グミ、ブルーベリーなどです。年間、十数回発生します。

ブルーベリーでは、寄生は収穫前から始まり、収穫期が近づくにつれて多くなります。成虫は、未熟果にも産卵できますが、多くは成熟果に産卵し、ふ化幼虫（ウジ）は果肉を食害し、老熟すると脱出して地面の浅い所で蛹になります。

成虫態で、落葉や小石の下で越冬します。成虫は羽化して2～3日後に交尾し、果実に産卵管を挿入して1回に1卵ずつ、1果に1～15卵を産みつけます。産卵された果実の発見は大変困難です。

卵の期間は1～3日で、幼虫は不規則に果実を食害し、4～6日後に蛹になります。蛹の期間は4～16日。卵から成虫までの発育日数は、温度によって異なり、15℃で約30日、22℃で約14日、25℃で約10日です。

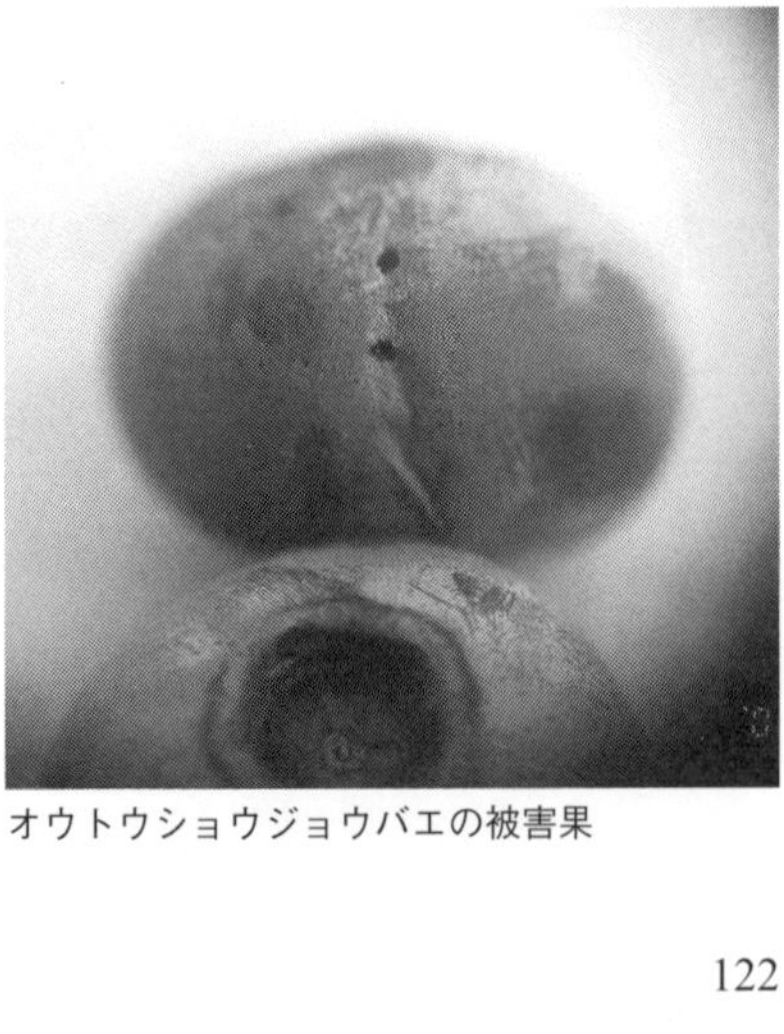

オウトウショウジョウバエの被害果

適温は20～25℃で、32℃を超えると産卵しても成虫まで発育しないといわれています。

《被害の状況》 果実内でふ化した幼虫は果肉を食して成長し、被害果は食害された所が軟化し、幼虫が出た穴から果汁が染み出ます。そのため、被害果はもちろん、被害果が混入していると出荷容器内の果実全体の表面が濡れて、商品性がなくなります。

さらに、収穫時や出荷時に気づかな

くても、消費者が購入して食べるころに、ウジが発見される可能性が極めて高くなります。

発生は、関東南部の場合、特にノーザンハイブッシュ、サザンハイブッシュの早生～中生品種から中生品種の成熟期（6月中・下旬～7月中旬）で被害が多くなります。また、密植園、樹冠内部が混み合って日射や風通しの悪い園に多発します。

《防除》 園内の生息密度を下げることが重要です。そのためには、成熟果を取り残さない、障害果は摘み取る、落果している被害果は適切に処分する、などの物理的・耕種的管理の徹底が、求められます。

果肉中のオウトウショウジョウバエ

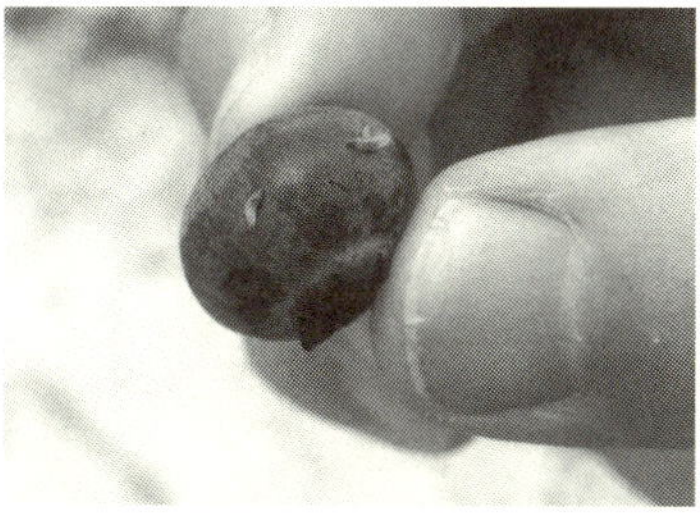
孔からはい出した果面上の幼虫

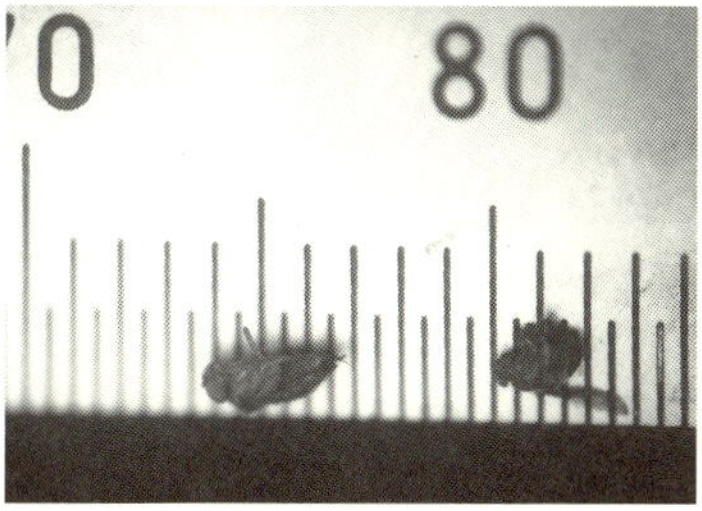

オウトウショウジョウバエの成虫

薬剤防除と物理的防除

果樹栽培では、特定の病気や害虫による被害は、栽培面積と栽培年数とに密接に関係しているといわれます。ブルーベリー栽培でも同様で、特に、経済栽培では栽培面積の増加に伴って農生態系が拡大し、また、古い産地では長年の間に特定の病気、害虫の生息密度が高まっています。このような状況は、今後、さらに拡大すると推察されます。

薬剤防除　わが国の温暖で多湿な気象条件下で、経済栽培園の園全体から、全ての病気や害虫を排除することは不可能です。病原菌や害虫の生息密度を安定的に低く抑えるためには、できるだけ病害虫の発生を少なくし、最低（小）限の範囲内での薬剤散布にとどめたいものです。

その場合、説明書に記載されている希釈濃度や散布量などの使用方法を厳守し、生態系の破壊をもたらす過剰な薬剤防除は、避けるべきです。

物理的防除　薬剤を使わずに被害枝（葉）を切除したり、障害果を除去したりします。また、害虫を見つけたら刺殺したり、捕殺したりします。このような物理的防除法によって経済栽培、家庭栽培を問わず、病害虫の被害を軽減することができます。

鳥獣による被害とその対策

鳥獣類による被害は、経済栽培園ではもちろん、家庭で育てている場合でも、全国各地で見られます。

鳥害は、主にムクドリ、オナガ、ヒヨドリなどによる収穫期の成熟果の傷害です。また、獣害は、小動物の野ウサギによる新植樹の噛み切り、大形獣ではイノシシよる根の掘り起こしや倒木、シカによる1年生枝の食害、枝の折損などです。

対策は、いずれの鳥獣害に対しても樹(園)をネットや柵で囲う方法が一般的です。

鳥害の特徴と対策

鳥害は、特に収穫直前の成熟果が、ついばまれるものです。

主要な害鳥はムクドリ、オナガ、ヒヨドリ、スズメ、カラスなどです。ヒヨドリ以外は、いずれも1年中ほぼ同じ場所にとどまり、繁殖する留鳥《りゅうちょう》です。

枝に止まるヒヨドリ

スズメによる食害

実をつついて食べるメジロ

鳥害の特徴

鳥害は、ほとんどが果実の成熟期に集中しますが、被害の様相は鳥の種類によって異なります。

ヒヨドリやムクドリは、果実を持ち逃げして食べ、また、枝に止まって果実を地面に揺すり落とします。

カラスは、果実を丸ごと食べるほか、体重による枝折れをもたらします。

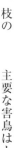

スズメやメジロのような小形の鳥は、くちばしや爪で果実をえぐるため、果肉が露出して商品価値が失われます。果肉が露出した果実をそのまま樹上に残しておくと、その果実に蟻やハチが寄生し、病気や害虫の発生源となります。

被害果は見つけしだい除去し、土中に埋めることが勧められます。なお、被害果は決して食べてはいけません。

鳥害の対策法

園全体を防鳥網で被覆し、鳥を近づけない方法が一般的で、最も効果があります。

経済栽培園では、通常、園全体を2m前後の高さに、8～16㎜目の網（ネット）で覆っています。15㎜目のブルーベリー専用の防鳥網も出まわっています。網は、一定間隔で打ち込んだ支柱と、縦横に張った架線上に被せます。また、網を樹列に沿って樹上に直接被せる方法もあります。

収穫期間中、園全体を防鳥ネットで覆う。収穫後は取り外す

家庭で育てている場合は、成熟期に入る前に、樹冠の中心付近に、樹高より少し高いポールを立て、市販の防鳥ネットで樹全体を被覆する方法が勧められます。

被覆期間は収穫期間中のみとし、収穫終了後は取り外して、園内に鳥類の飛来を自由にさせます。そうすると、秋から翌年の収穫始めまでは、各種の害虫を捕食してくれます。

獣害の傾向と対策

獣害の種類は、地域により異なります。中山間地で多いのは、イノシシ、シカによる被害です。両者はともに雑食性で、学習能力の高いことが知られています。

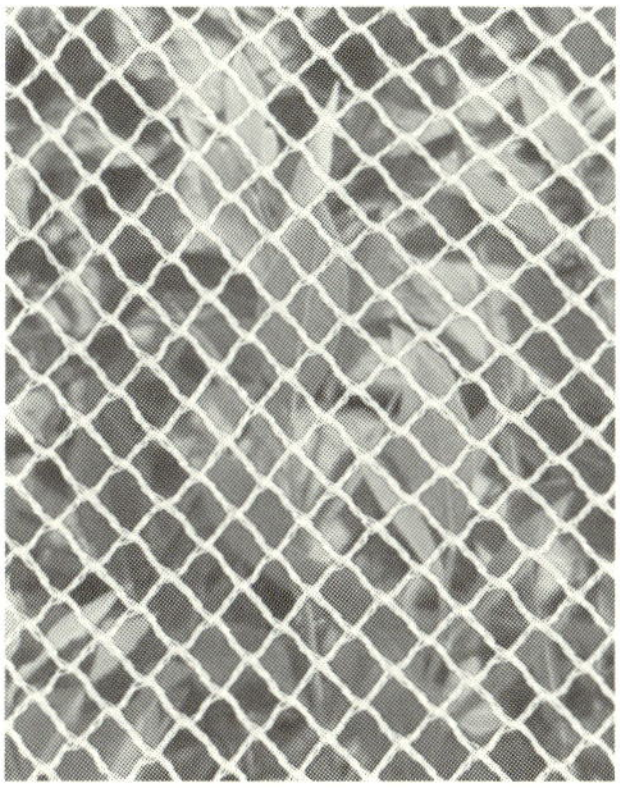

経済栽培園では、一般に8～16㎜目のネットを使用する

里山では、野ウサギの被害が多く見られます。これらの獣による被害は、経済栽培園では甚大です。家庭で育てている場合には、被害が少ないと思われます。

イノシシ

イノシシによる被害は、株元が大きく掘り起こされて太根が切断され、また樹が倒されることです。時には、枝の食害もあります。

ブルーベリー栽培では、特に土壌改良と雑草防除を目的に有機物を混入し、マルチをしているため、そこで繁殖しているミミズや昆虫の幼虫を食べようと、鼻を使って地中の餌を探し出すことによる被害です。

対策法は、園の周囲を1・0～1・

5mの高さに、強い金網を張り巡らす方法が一般的です。その場合、支柱の埋設強度が重要で、鼻に引っ掛けて持ち上げられないよう、土中にしっかりと打ち込んでおきます。

シカ

シカによる害は、枝の食害や枝折れです。被害は、冬季には、花芽を多く着けている1~2年生枝で、春の新芽のころから夏の果実の成長期には、結果枝の多い2~4年の旧枝で目立ちます。いずれも、枝が、地上1・0~1・3mの高さで噛まれ、折れています。

イノシシ対策は、園の周囲を鉄製のフェンスなどで囲むのが効果的

果実の食害は、見られないようです。

対策法として適当な間隔に支柱を立て、合成繊維のネットや強い金網などで、高さ1・5mくらいに、園の周囲を囲む方法が勧められます。

野ウサギ

野ウサギの被害は、ほとんどが新植園に限られますが、被害の程度は甚大です。植えつけ1年目の冬季に、主軸枝候補である優良な発育枝が、地上部20~30cmの高さで、ナイフで斜めに切断したような断面に、細い筋の残るのが特徴です。

シカによる食害。優良な発育枝、徒長枝が高さ1.2mくらいの所で折られている

被害を受けると、主軸枝の候補枝がなくなるため、樹冠の形成が1年から数年遅れることになります。しかし、経済栽培で植えつけ樹が多い園では、特別な対策法はとられていないようです。植えつけ樹数が少ない場合には、冬期間、幼木の周囲を金網、使い終わった肥料袋などで囲む方法が勧められます。

植えつけ後3~4年経って株元がブッシュになり、また主軸枝が太く硬くなると、ほとんど被害が見られなくなります。

家庭で育てる場合には、野ウサギの被害は、非常に少ないと思います。

その他の獣害

経済栽培園の場合ですが、場所によってはこれまであげた獣害のほかに、サルによる果実の食害や、クマによるミツバチの巣箱の破壊などの事例が報じられています。

挿し木繁殖法による苗木養成

ブルーベリーの新梢と1年生枝は、不定根の形成が容易です。そのため、繁殖法は、挿し木繁殖法が一般的です。

ここでは、特に経済栽培の場合、自園地における補植や改植をはかり、品種更新するために必要な苗木養成法として、休眠《きゅうみん》枝挿《し》しと緑《りょく》枝挿《し》しの二つを紹介します。家庭で育てている場合にも応用できる方法です。

近年、市販されている品種は、多くがパテント品種です。そのため、増殖について規制がありますので、自家苗の養成の可否について、購入先の苗木業者などに照会する必要があります。

休眠枝挿し法

この方法は、旺盛に伸長した前年枝を休眠期間中に採穂し、休眠明け後に挿すものです。技術的に簡便で、高い発根率が得られることから、最も一般的な方法です。

特に、ノーザンハイブッシュの苗木養成に適しています。サザンハイブッシュとラビットアイでは、休眠枝挿しの発根率は劣ります。

家庭で、挿し木繁殖を試みたい場合には、休眠枝挿し法が勧められます。

休眠枝の選別

採穂用の休眠枝は、前年、旺盛に伸長してよく充実した健全なものとし、病気、栄養欠乏あるいは過剰障害が見られる樹の休眠枝は使用しません。

望ましいのは、太さ（直径）が10㎜前後で、ムチのように細長い（whipsと呼ばれる、通常50～100㎝の長さ）徒長枝です。

採穂の時期

枝を採る（採穂）適期は、葉芽の休眠打破のために必要な低温要求時間が満たされて以降です。関東南部の場合、適期は、2月上旬から3月上旬に行われる冬季剪定の期間です。

枝（穂）の調整、貯蔵

挿し穂の長さと太さは、発根率と発根後の根の伸長に関係しています。一般に、挿し穂は長さが10㎝、太さは直径が7～10㎜くらいが適当です。これより細い穂では、発根が早くても発根後の枝の伸長が劣り、逆に、太い穂では発根は遅くても発根後の枝の伸長が優れる傾向があります。

採穂した枝は、まず、上部（先端）の硬化していない部分や花芽が着生している部分を切除します。次に、各枝を約10㎝の長さに切り揃え、さらに品種ごとに一定量（枝数）をまとめて基部を揃え、湿らせた水ゴケを詰めたプラスチック容器に入れ、1・0〜4・5℃の低温で貯蔵します。

これらの各過程で、品種が混同しないように注意します。

挿し木時期と用土

挿し木時期は、関東南部では、3月下旬から4月上旬が勧められます。貯蔵中の穂木（枝）を、あらかじめ準備しておいた挿し床に挿します。

挿し床は、水分保持力があり、同時に通気・通水性が良いことが必須条件で、鹿沼土、ピートモスのそれぞれの単用、あるいは両者の混合用土が一般的です。用土は、pHが4・3〜5・3の範囲にあることが望ましく、前記の用土であれば特に調整する必要はないでしょう。肥料の使用（用土との混合）は避けます。

容器は、用土の深さが10cm以上になり、底面に滞水しないものであれば、特に選びません。穂は、約5×5cmの間隔で垂直に、深さは穂の3分の2が用土に入っている状態に挿します。

挿し木した箱の管理の一例

挿し木した箱（容器）は、灌水の便が良く、風当たりの少ない戸外に置きます。まず、土の跳ね返りを避け、底面の滞水を防ぐために、地面を平らにし、防草シートをマルチします。その上に、適当な資材で高さが5〜10cmほどの台をつくり、その台の上に、挿し木した箱を並べます。

次に、挿した容器の上部30cmくらいの位置に寒冷紗《かんれいしゃ》（光線量を調整するための網状の布）を張ります。寒冷紗は、新梢が発芽して先端葉が展開するまでの間、晴天の日には被覆し、曇天の日には外して管理します。

床土の水分含量は、指の感触で判断することもできます。例えば、用土を親指と人差し指で普通の力でつまんだとき、水が滴り落ちるくらいがよいとされています。これを目安にして、穂木が揺れない程度の勢いで灌水します。灌水の間隔は、晴天の日には、朝、昼、夕方の3回くらいでよいでしょう。

3月下旬に挿した場合、1〜2週間で葉芽がふくらみ、新梢が伸長してきます。穂木の基部では、切断面にカルス（未分化で無定形の細胞のかたまり）が形成され始めています。挿して3〜4週間後から発根が見られます。

鉢上げとその後の管理

鉢上げは、根量を増やすため、発根後2か月以上経過してから行います。

鉢は4〜5号のポリポットを使用し、鉢用土には、市販のブルーベリー栽培専用用土（ピートモスを主体とした鹿沼土と赤玉土の混合用土）や、自家製の用土（例えば、ピートモスを主体に籾殻や鹿沼土を混合）が勧められます。

休眠枝挿し法のポイント

①枝(穂)の調整。休眠期間中に採取した徒長枝を10cmの長さに切り揃える(ラビットアイの例)

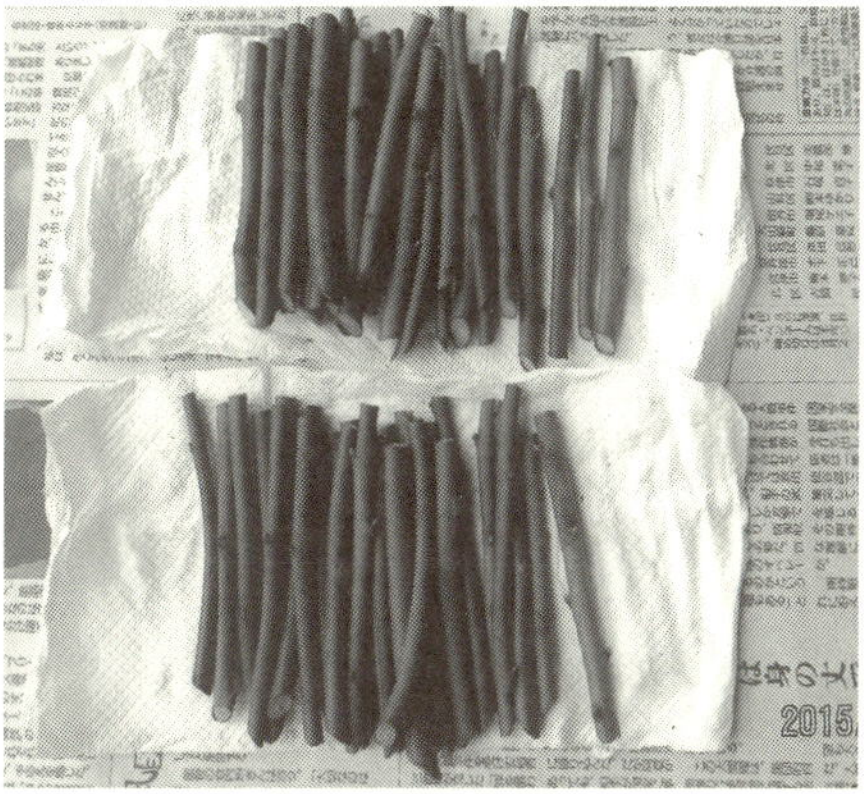

②調整した穂。基部を斜めに切断し、20本単位でキッチンタオルで包み、低温で貯蔵する

③4月上旬に挿す。ピートモスと鹿沼土(中粒)の混合用土に5×5cm間隔で挿す。容器は市販の育苗箱

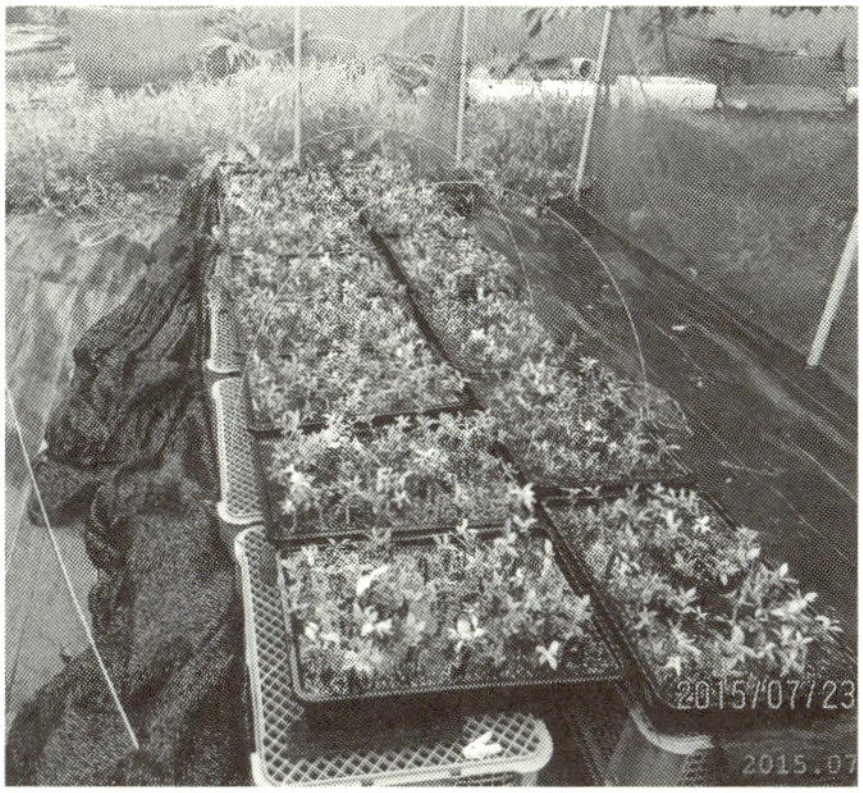

④育苗箱は灌水の便が良く、風当たりの少ない戸外に置く。箱の上部30cmくらいの位置に寒冷紗を張る

⑤発根状態を調べたところ、根量「多」のものが多かった

⑥鉢上げ。根量「多、中、少」のものをピートモスと鹿沼土(中粒)の混合用土に鉢上げする

鉢上げした苗は、戸外で育てます。灌水は、降水日以外はほぼ毎日行い、施肥は、緩効性肥料のＩＢ化成（窒素形態は尿素）を数粒、月に１回、置き肥とします。鉢上げの過程でも、品種が混同しないように、注意して取り扱います。

鉢上げ後、約１年間育て、２年生の苗木として植えつけます。

緑枝挿し法

この方法は、新梢上に花芽が分化する前に、新梢の上部（春枝の先端、あるいは伸長中の徒長枝）を穂として利用するものです。主として、ラビットアイとサザンハイブッシュの苗木養成法です。緑枝挿し法では、挿し穂からの蒸散が多いので、一般的には密閉挿しが勧められます。

しかし、家庭で育てている場合、緑枝挿しの試みは、少数にとどめることが勧められます。それは、採穂時期が、果実の成長期および成熟期間中であり、穂（枝）を採ることによって、樹の生理に少なからぬ変化が生ずると考えられるからです。

密閉挿し

密閉挿しは挿し床（容器）を主としてフィルムで密閉して行う挿し木の方法です。

緑枝挿しの活着を高めるためには、挿し穂の葉からの蒸散と基部切り口からの吸水のバランスを保ち、挿し穂の萎凋《いちょう》を防ぐことが重要です。この点、密閉挿しは、挿し床が遮光され、高湿度に維持されているため、比較的安定した発根が得られます。

一般的に行われているのは、被覆用の半円のパイプでトンネルをつくり、その上にポリエチレンのフィルムを張り、さらに黒の寒冷紗を張って遮光する方法です

採穂の時期、挿し穂の調整

採穂の時期　新梢伸長が止まって、先端の葉が固まったころが採穂の適期です。関東南部では、例年、６月下旬から７月上旬にかけてで、サザンハイブッシュでは果実の成熟期間中、ラビットアイでは果実の成長期間中です。

挿し穂は、長さが15～20㎝の新梢から、枝の先端部を６～７葉を着けて採り、穂の乾燥を防ぐため別に準備しておいた水の入った容器に浸します。容器は、作業場所に持ち運べるバケツが便利です。品種の混同を避けるため、作業は品種別に行います。

挿し穂の調整、用土　挿し穂は、穂の上部節の葉を３枚着け、下部節の葉は除去します。次に、穂の基部はよく切れるナイフで斜めに切り、数㎜切り返します。そうすると、穂の長さは10㎝前後となります。

挿し床の用土・容器は、休眠挿しの

緑枝挿し法のポイント

①先端の葉が開いて１週間後くらいの新梢を切り取る(６月下旬〜７月上旬)

②穂の乾燥を防ぐため、バケツなど水の入った容器に入れて浸す

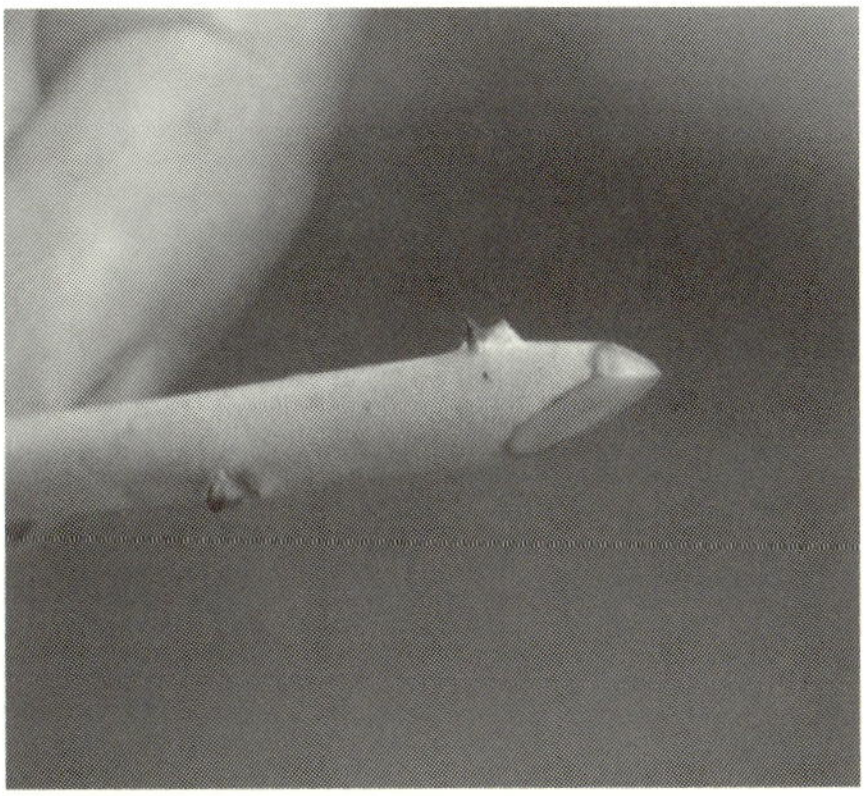

③穂の基部をナイフで斜めに切り、裏から数㎜軽く切り返す

④箸や細い棒で５×５㎝間隔で穴を開け、用土の中へ穂を挿す

⑤挿した後は、穂が揺れ動かないように注意し、灌水して穂と用土の密着をはかる

⑥挿し終わったら１週間に１度、用土の湿り具合を調べ、灌水の時期を判断する

場合と同じ種類のものが一般的です。

挿し方は、まず、間隔を5×5㎝とし、箸や細い棒で、底面まで穴を開けます。穂の切り口を守るためです。次に、その穴に、葉を取り除いた部分が用土の中に入っている状態まで、穂を挿します。

挿した後は、穂が揺れ動かないように注意しながら、たっぷりと灌水し、穂と用土の密着をはかります。

トンネル内の管理

密閉挿しでは、処理の初めに十分灌水しておけば、その後はあまり灌水せずに済み、省力的です。それでも、1週間に1度は、用土の湿り具合を調べ（用土を手に握った感触）、灌水の時期を判断します。

緑枝挿し後、直射日光の当たらない所に置き、黒フィルムで密閉

葉の光合成活動を損なわず、かつ蒸散活動を抑えるためには、遮光が必要です。遮光の程度は、63％が発根に適していたという報告があります（オースチン　1994）。黒色の寒冷紗を被覆すると、相当程度の遮光ができます。

9月下旬における緑枝挿しの発根状態。根量はさまざま

穂は、遮光され、また湿度が高い条件下にあるため、ボトリチス、根腐れ病、キャンカーなどの病気の発生がみられます。これらの病気は、床土面に落ちた葉、枯れ始めた穂を見つけしだい取り除くことで、相当程度、伝染を防ぐことができます。

ときどき穂を引き抜き、発根の状態を観察します。品種によって異なりますが、通常4～7週間で発根します。

発根後は、被覆していたトンネルと寒冷紗は取り外します。乾燥を防ぐため、適宜灌水し、3週間以上かけて硬化させます。

鉢上げとその後の管理

鉢上げは、休眠挿しの場合と同様の用土、容器を用います。また、施肥、灌水など、苗木として使用するまでの期間の諸管理は、休眠枝挿しに準じて行います。

施設栽培の目的と栽培管理

風味が良好なブルーベリーを、入梅以前の早期に、あるいは梅雨の期間中でも支障なく収穫できる方法として、施設栽培（ハウス栽培）が注目され、すでに導入している生産者は各地に見られます。

施設栽培には、大別して、加温栽培（促成栽培）と無加温栽培、雨よけ栽培の三つがあるが、ここでは加温栽培を中心に取り上げます。

大型ハウス内の栽培（鉢植え）

雨よけ栽培の成熟果（7月上旬、鉢植え）

簡易な施設による雨よけ栽培

施設栽培の目的

施設栽培は、自然状態の普通栽培（露地栽培）よりも早期に果実を収穫するために、樹の休眠明け後から開花・受粉、新梢伸長期、果実の成長期間ならびに成熟期（収穫期）まで施設内で加温（保温）あるいは無加温で育てるものです。

もう一つの雨よけ栽培はパイプハウスが一般的ですが、特に梅雨の期間、樹の地上部の天井にトンネル状の覆いをかけて果実が雨に濡れないようにするものです。裂果の発生が少なくなり、雨天の日でも収穫できるのが特徴です。

導入の目的　施設栽培は、ブドウ、ナシ、オウトウなど多くの種類の果樹で、すでに広く普及しています。その目的は、次のように要約されます。

①生産の安定　病害虫防除の軽減、気象災害の回避など。

②成熟期の促進　早期出荷（成熟期を梅雨期より早める）、出荷調整など。

③品質の向上　病害虫防除の軽減、梅雨期に多い裂果の解消、気象災害の回避など。

④労力の分散　収穫期間の長短の調整、作業性の向上。

⑤経営改善　果実の有利販売、収益性の向上。

しかし、施設の建設および施設内に設置する諸設備が必要であり、また、高度な栽培技術を必要とします。多額な資本投下となります。

導入の背景　施設栽培導入の背景には、日本的な事情が存在しています。それは、栽培地帯の多くが、果実の成熟期が梅雨期と重複していることです。

一例を関東南部で見ると、関東南部のノーザンハイブッシュおよびサザンハイブッシュの成熟期は、例年、6月上旬から始まって7月中・下旬まで続く梅雨の期間中です。そのため、良品質の果実生産には不良な条件、すなわち、雨天および曇天の日が多く、空気湿度が高く、土壌水分が多いなかで樹が生育し、成熟期にある果実を収穫しています。

加温栽培はこのような梅雨時期の到来以前に、特に、4月中・下旬から5月中に、消費者が求める風味があっておいしい、新鮮な果実を生産する方法として注目されています。

また、雨よけ栽培は、成熟期間（梅雨の期間）中に降水あるいは高い土壌水分含量による裂果の発生を抑え、その上、雨に濡れることなく収穫できる方法として導入されています。

いずれの方法でも、普通栽培に比べて果実品質が良く、有利に販売できるのが利点です。

加温栽培の設備と環境

加温栽培では、通常、1月下旬～2月上旬から成熟（収穫）終了時まで加温しています。そのためには一定の条件を備えた施設および設備が必要であり、また、育てるブルーベリー樹は休眠が覚醒していなければなりません。

施設のタイプ　施設は施設の形状、被覆資材、棟数などにより、いくつかのタイプがあります。被覆資材として一般的なのは農業用塩化ビニールフィルム、ついで農業用ポリエチレンフィルム、さらにガラスです。施設内には温度管理機器および灌水装置の設置が不可欠です。

ハウス屋根部付近の高温を防ぐため、サイドの巻き上げ可能な部分はなるべく高い位置に設けます。フィルムは、紫外線ノンカットのものとします。

内部の設備　ハウス内には加温機、自動灌水装置、1層～多層のカーテン、換気扇、天窓換気装置などの設置が必要です。これらの設備はハウスの大きさと一体のものであるため、機能性を検討して導入します。

栽培環境　ハウス内は、普通栽培と比べて、特徴的な栽培環境にあります。すなわち、ハウス内のブルーベリーは日照不足下の栽培といってよく、管理できるのは、主として温度と水分です。

・日照　ビニール被覆による遮光率は30～50％にも達するため、ハウス内は、普通栽培に比べて日照不足です。

日照不足の下では、一般的に、枝葉は軟弱になり、着花量は不足し、生理落果が増加し、果実は着色不良や糖度の低いものになりやすいといわれます（志村　１９９５）。ブルーベリーでも品種によっては、同様な傾向が認められています（玉田・大関２００９）。

・温度　ハウス内では細やかな変温管理や季節に合わせた温度を設定して管理できます。

大型ハウス内の栽培樹

ブルーベリー樹の成長周期には、それぞれ好適な温度範囲があり、周期に合わせた温度管理が必要であると考えられます。

例えば、花芽の発芽期、花から結実にいたるまでの期間（花粉の発芽、生理落果および新梢伸長）、果実の発育期（肥大）、成熟期（着色、糖含量、酸含量など）に、それぞれ好適な温度範囲があると思われます。

この分野については、なお検討が必要です。

・湿度　施設内は、普通栽培と比べて、発芽期間から果実の収穫期間が終わるまで多湿で推移します。

湿度の高低は、発芽期、花粉の発芽および受精などと関係していると考えられます。

施設内の湿度が高い場合、ブルーベリーでも灰色カビ病が発生します。

・土壌水分　土壌水分は、灌水量を調節することで管理できます。土壌水分は、根の養水分吸収と密接に関係しているため、特に、果実肥大期における土壌水分の管理は、果実の発育肥大に最も強く影響します。施設栽培でも同様であると考えられるが、ブルーベリーの果実の発育期間、および成熟期間における好適な土壌水分含量については明らかではありません。

他の種類の果樹でいわれているように、成熟期間中は灌水を控え、やや乾燥状態に経過させることによって糖度が高い果実が生産できるのではないかと思われます。

加温栽培樹の生育の特徴

加温栽培は、成熟期の促進がねらいであるが、それは開花の促進であるといってよいでしょう。開花の促進なくして早期結実がないからです。

休眠覚醒　ブルーベリー樹が健全に生育するためには休眠が必要であり、休眠覚醒のためには一定の低温要求量が必要です。この低温要求時間の多少が加温開始時期と密接に関わっています。

低温要求時間は、ブルーベリーのタイプおよび品種によって異なります。そのため、加温開始にあたっては、それぞれの地域で7・2℃以下の低温遭遇時間を確認する必要があります。日本におけるブルーベリーの自発休眠は、普通であれば1月下旬に破れていると思われます。

加温開始時期（ハウス内に搬入する時期）は、関東南部では、1月下旬から2月上旬ころが勧められます。

ポット栽培樹　ブルーベリーでは、今日のところ、ポット（コンテナ）栽培樹が多く用いられています。主として市販のプラスチック容器が使われているが、容器の大きさは樹齢や樹の大きさによっても変わります。

ブルーベリー樹は元来小形であることから、ポット栽培に向いている点もあります。その上、ポットの特徴である根域制限によって低樹高になって扱いやすく、栽培場所の移動が容易です。

また、根群の生育範囲が制限されるため水分および養分のコントロールができるようになり、糖度の高い果実の生産が可能になると考えられます。さらには、消費者の嗜好に応えた新しい品種の栽培に、短年月で対応できることも特徴の一つです。

数年間、同じポットで育てる場合と、樹齢に合わせて、毎年、大形の容器に換えていく方法とがあります。

事例に見る加温栽培の要件

ブルーベリーの加温栽培に関する試験研究は少なく、栽培体系が確立されているわけではありません。そのため、今日なお試行錯誤の段階であり、データの蓄積段階にあるといってよいでしょう。

関東南部における実験例から、栽培体系の基礎となる要件について整理してみます。

品種　加温栽培は、入梅以前（関東南部では、例年、6月上旬以前）に収穫を終えることをねらっています。そのため、加温栽培のブルーベリーのタイプは成熟期の早いノーザンハイブッシュとサザンハイブッシュがよく、なかでも極早生種から中生種が適しています。同じような成熟期や品質であれば、低温要求時間の少ないタイプ、品種を導入するのがよいでしょう。

収穫期間を1か月以上確保し、結実率を高め、大きい果実を収穫するために、数品種の導入が勧められます。

ポット栽培　ポット栽培樹は、前もって準備しておいた3～5年生のものとします。加温開始前年の秋（紅葉の頃）には、樹齢に合った大きさのポットに植えつけておきます。

用土にはさまざまなものがありま

す。「ピートモス：腐葉土：赤玉土」をそれぞれ「2：1：1」の割合でよく混和したもの、あるいは、それぞれの地域の土壌とピートモス、籾殻を混合したものなど、栽培者によって工夫されています。いずれの用土でも、緻密度が低くて排水および通気性が良く、酸性土壌であることが必須条件です。

ポットは、尺鉢（10号）の大きさのものでは、毎年、植え替えが必要です。50～60ℓの大型の鉢では5年から6年、樹勢を維持できるようです。

加温栽培。暖房器具は施設内に設置

加温開始時期　一般的には、自然状態で低温要求量が満たされたころから（それぞれの地方における11月から1～2月までの月平均気温から推測できる）、施設内に搬入し、加温を開始しています。

加温栽培では果実の成熟が早まる

温度管理　一般的には、ハウス内に暖房機を設置し、1～2月でも最低温度は10℃以下にならないように設定しています。例えば、東京の外気の平均気温は、1月は6・7℃、2月は6・5℃、3月は9・4℃です。

開花期間中は日中の最高温度は35℃以上にならないよう、窓の自動開閉を作動させるなど、注意して管理します。実際には難しい点もあります。例えば、3月を過ぎると日中のハウス内の温度は40℃以上にもなることがしばしばあるからです。

また、収穫期の5月は、快晴時のハウス内の日中温度は40℃以上になることもまれではないので、気温が上がりはじめる前の午前中に収穫します。

温度が40℃以上になっても、それが一時的であり、土壌水分が十分である場合には、新梢、葉、果実に外観的な変化は見られません。

灌水および施肥　灌水および施肥は、加温栽培でも最も重要な管理作業です。

灌水は、鉢ごとの手灌水もしくはチューブ灌水が一般的です。1日1回は必要であり、尺鉢の大きさでは約2ℓ、もっと大きい鉢の場合には5ℓくらいとします。

肥料は灌水による肥料分の流亡が多いため、こまめに施用します。灌水を兼ねて、1週間に1回、定期的に、液肥の形で「アンモニア態N（窒素）で、P（リン）、K（カリ）を含むもの」を施用します。葉が展開してからは葉色をよく観察し、淡くなったら随時施用するとよいでしょう。

また、緩効性のIB化成（「N：P：K」は「10－10－10」で、Nは縮合尿素）であれば、3月上旬と4月中旬に施用しただけでも十分でした。

受粉　加温栽培で、1月下旬から2月上旬に加温したところ、開花（20％開花）は3月中・下旬から始まりました。

結実率を高めるために、異品種を育てる必要性は述べたが、さらに、ミツバチを1ハウスに1群導入して昆虫受粉を進めます。導入時期は、開花状態が5％のときから始めて95％が開花が終わったころまでとします。

摘果　根域が制限されているポット栽培では、着果量と果実の肥大との関係は密接であると考えられます。詳しいデータは不足しているが、葉がついていない10cm以下の枝では、摘果が勧められます。

新梢の管理　加温栽培では、ポット栽培樹でも新梢伸長は比較的旺盛であり、2次伸長枝まで見られます。これらの枝は、普通には伸長停止後花芽をつけるが、間引き剪定、あるいは切り返し剪定など、新梢の管理は特別行われていません。

収穫　収穫果は、選果までの間は日陰の涼しい場所に置きます。普通栽培の場合と同様に選果し、出荷します。

病害虫防除　ハウス栽培では雨が直接樹体にかからないため、アブラムシ類の発生が見られます。また、開花時期から幼果の時期に通風が不良でハウス内の湿度が高くなると、灰色カビ病の発生が多くなります。

無農薬栽培が原則であるため、ハウス内の温度と湿度の管理、灌水には特に注意が必要です。

加温栽培の成果と留意点

開花、成熟期、果実品質に及ぼす影響　一つの実験結果ですが、休眠覚醒が早いサザンハイブッシュの10数品種を用いた加温栽培では、普通栽培に比べて、開花および成熟期は約30～40日早まりました。

結実率は品種間に違いがありましたが、普通栽培と比べて高いようでした。

成熟期は、開花期と同様に普通栽培よりも30～40日も早まり、サザンハイブッシュの全ての品種では加温栽培の目的の一つであった入梅以前（関東南部、例年、6月上旬）に終わっています。

裂果がなく、果実糖度および風味ともに良好

収穫後は施設外（戸外）で育てる

降水による裂果がなく、また、降水に濡れて収穫することがないのが大きい特徴であるが、果実糖度および風味ともに良好でした。

収穫後のポット樹の管理　5月下旬あるいは6月上旬、収穫が終わったらポットは戸外に搬出します。ポットが乾いて根が障害を受けないよう、特に灌水に留意します。また、IB化成を1樹に20gくらい施します。

同一樹を数年連続して使用する場合には、紅葉が終わったころ、下垂した枝、内部で込み合った枝、細くて弱々しい枝などは剪定して、樹形を整えておきます。また、樹はいったん鉢から外し、根部外周部と中央部の土を軽く取り去り、新しい用土を用いた植え替えが必要です。

翌年の1月下旬から2月上旬までの加温開始時期までは、定期的にたっぷりと灌水して（ポットの大きさにもよるが、1～2週間に1回、ポット容量の10分の1くらい）、冬季の乾燥から花芽や根の生育を守る管理をしておきます。

一度実験に用いた樹を収穫後の6月、戸外で管理したところ、翌年における発芽（蕾）、新梢伸長、開花および成熟期は、通常のポット樹と同様な成長周期を示していました。

消費者の志向と嗜好を重視　消費者がブルーベリー果実に求めるものは、普通栽培でも施設栽培でも「安全・安心、新鮮さ（旬）、おいしさ、健康機能性、日持ち性、食べる際の簡便性」などです。したがって、施設栽培でも、これらの要因を満たす果実生産でなければなりません。

そこには、施設栽培に適応した品種の選択、栽培技術および収穫果の品質管理に関する知識が求められます。

鉢・プランター栽培の要点

ブルーベリー樹は小形で扱いやすく、幼木でも果実を着け、また、花・果実・紅葉と観賞性に優れています（第1章の「家庭果樹としても魅力いっぱい」の節参照）。このため、ブルーベリーは、「食べられる観賞果樹」と人気を博し、家庭果樹としての栽培が広がっています

鉢植えのラビットアイ

家庭で育てて楽しむ方法には、庭植えと鉢・プランター栽培があります。

庭植えの場合は、これまで述べてきた「第2章　ブルーベリーの栽培管理の基本」の各節を参考にすると、樹を健全に育て、大きくて、おいしい果実を収穫できます。

しかし、鉢・プランター植えの場合には、特に鉢やプランターの大きさとその置き場所の制約から、庭植えの場合とは異なる管理と作業が必要になります。

鉢・プランター栽培の特徴

鉢・プランター栽培とは

鉢・プランター栽培とは、栽培品種を用いて、果実生産とともに育てる楽しみと観賞に重点があり、特に鉢や大きなプランター、さらに木枠で作成したボックスを庭やベランダに置いて育てる栽培法をいいます。

なお、似た用語に「実物盆栽」がありますが、これは、特殊な種や品種を用いて観賞することだけを対象としているものです。

栽培管理上の特徴点は、大きくは次の4点に整理できます。

①鉢の置き場所が限られる　庭やベランダなどの広さ（面積）、灌水の便、日当たりの良否などから、鉢・プランターの置き場所が限定されます。

②樹形を重視した品種選定　果実の収穫を目的としていますから、良品質の果実の品種選定はもちろん、樹形の大小、樹勢の強弱を優先します。

③根の伸長範囲が限定　鉢栽培ですから、根域が、鉢（コンテナ、プランター、ボックス）内に限られます。すなわち、樹の大きさは、鉢の大きさによって決まります。

④灌水と施肥管理が重要　根域が限

られているため、根は、土壌水分や養分（肥料成分）の多寡に敏感に反応します。このため、特に灌水と施肥管理に注意が必要です。

生存樹齢が不明である

鉢・プランター栽培を楽しまれている人は多いのですが、鉢・プランターの大きさと樹形、樹齢と枝葉の成長、樹齢と果実収量との関係に関する資料は、ほとんどないようです。そのため、鉢の大きさと栽培可能樹齢との関係も不明です。

筆者は、初年に7号鉢に植えつけ、2年ごとに1号ずつ大きい鉢に交換して最終的に10号鉢まで育てた場合、栽培可能樹齢は、通算でおよそ10年前後ではないかと推察しています。

手製のコンテナに植えつける

鉢・プランター栽培向き品種

品種選定の基準

前述したように、鉢・プランター栽培の楽しみは品種ごとに果実の風味を味わい、花や紅葉を愛でることです。

ハーフハイハイブッシュ（トップハット）の鉢植え

しかし、管理できる鉢の大きさと場所に制約があるため、品種選定の基準は、経済栽培の場合とは異なります。

品種選定には、大きく二とおりあります。一つは、経済栽培の品種の中から、特に果実品質、樹形の大小、樹勢の強弱、観賞性などを重視して選ぶ方法です。もう一つは、特性として「果実が食べられる観賞果樹」と評価されている品種のうちから選ぶものです。

鉢・プランター植えでも、結実率を高め、大きい果実を収穫するためには他家受粉が必要です。このため、同一タイプで2品種以上を組み合わせて選択します。

勧められる品種

経済栽培向けの品種から選定

主要品種で紹介したものの中から、鉢・プランター栽培の品種選定の基準であげた形質を重視して選ぶと、以下のとおりです。なお、ここでは、樹や果実の特性の解説は省略しました（第1章の「主要品種の成熟期と特徴」を参照）。

ノーザンハイブッシュ

- アーリーブルー
- スパータン
- ブルークロップ
- ブルーゴールド
- レガシー
- ブルジッタ

サザンハイブッシュ

- サミット
- マグノリア

ラビットアイ

- ブライトウェル
- モンゴメリー
- パウダーブルー
- ヤドキン

トップハット（ハーフハイハイブッシュ）

チッペワ（ハーフハイハイブッシュ）

サンシャインブルー（サザンハイブッシュ）

鉢・プランター栽培に勧めたい品種

別名、「食べられる観賞果樹」といわれるように、観賞性の高い品種です。

①**トップハット**（ハーフハイハイブッシュ） 成熟期は6月下旬。樹姿は矮性で球形。樹冠幅は約30㎝。果実の大きさは中〜大粒。果皮は青色で輝く、風味は普通。

ケープフェアー（サザンハイブッシュ）

②**チッペワ**（ハーフハイハイブッシュ） 成熟期は6月下旬。樹姿は直立性。樹高は1m以下。果実は中〜大粒。果皮は明青色。甘味があり、風味は普通。

③**サンシャインブルー**（サザンハイブッシュ） 成熟期は6月下旬〜7月中旬。半常緑性。樹姿は半直立性。樹高は1m以下。果実の大きさは中粒。風味は中位。

④**ケープフェアー**（サザンハイブッシュ） 成熟期は6月中旬。樹姿は半直立性。樹勢は強い。果実は中〜大

粒。果皮は明青色。風味は良い。

鉢・プランター栽培のコツ

ここでは、鉢・プランター栽培を始めた年か翌年から、花を楽しみ、果実を着けさせ、数粒でも収穫の喜びを味わえることをめざした場合の栽培例を取り上げます。

この場合の苗木の入手から、容器や用土の準備、植え替え方など、鉢・プランター栽培を始めるまでの一連の流れについて述べます。

ポット入りの苗木

苗木の入手

苗木は、一般に、近くのホームセンターや園芸店を訪ね、苗木を実際に見て、鉢・プランターや苗木の大きさ、枝の太さ、根の状態などから判断して入手している場合が多いようです。

苗木の入手以前に、信頼できる苗木商からカタログを取り寄せ、品種名を確認し、樹や果実形質の特性をよく比較しておくと良いでしょう。

苗木圃場（静岡県御前崎市）

苗木の条件　苗木は、品種名が正しいこと、病気に冒され、害虫が寄生していないことが第一です。その上で、次の条件を満たしているものがお勧めです。

①根元（穂木）から、数本の発育枝が伸長しているもの。

②新梢（落葉期には1年生枝）は太くて、節間が短いものが多数あること。また、枝の上部には、丸い花芽がついているもの。

③鉢から根部を引き出してみて、根まわりが良いもの。

最初の植え替え

樹の成長量は、鉢・プランターの大きさに制限されますから、第一に鉢の選択と用土の調整が重要です。

鉢の種類と大きさ　鉢には、深さから深鉢と平鉢とあり、また、通常「号」と呼ばれる大きさがあります。それぞれ、特徴的な用途がありますが、筆者は、深鉢で、7～10号の菊鉢を使用しています。この鉢は、鉢の乾燥が少し抑えられ、また、安定感があるからです。

用土

用土は、保水性と通気性・通水性が良いものにします。少し費用がかさみますが、市販のブルーベリー栽培専用土が勧められます。専用用土は、ピートモスを主体とした鹿沼土と赤玉土の混合用土で、併せて土壌pHが酸性に矯正されていますから、取り扱いが便利です。

市販のブルーベリー栽培専用土

植え替え時期

植え替え（移植）時期は、冬季に、土が凍るほどの低温になるかどうかで判断します。土が凍る地域では春の植え替え（凍結の心配がなくなってから）、冬季が温かい地域では秋の植え替え（関東南部では紅葉の時期）が適しています。

植えつけ方の一例

以下に筆者の例を紹介します。

苗木は市販の2～3年生苗で、枝上に花芽が着生しているものです。ここでは秋植えで、翌春、開花させて花を愛で、結実させ、収穫して果実の風味を楽しむためです。

購入した苗木は、菊鉢で7号鉢（直径が24cm）に植え替えます。

菊鉢の底部にネットを敷き、前述したブルーベリー専用土を、苗木と鉢の大きさに応じて（通常、鉢の深さの3分の1～2分の1くらいまで）詰めます。その後、灌水して湿らせます。中央部の土は、少し盛り上げておきます。

苗の根元を持ち、苗木の地上部を傷めないようやさしく引き抜きます。その後、根鉢（根とそのまわりについている土を含めていう）の底部を、根鉢の長さの8分の1～10分の1くらい切り落とします。こうすると、旧根は傷みますが、むしろ新根の発生が多くなります。

ブルーベリー専用土を詰めて準備しておいた鉢の中央に、根を広げて置きます。その周囲に、湿らした専用土を少し強く押し込むように入れ、灌水して植え替え終了です。

枝の剪定は特に必要としませんが、5cm以下の枝に着いている花芽は除去します。

植え替えた鉢は、日当たりが良く、水やりに便利で、合わせて排水の問題がない所に、枝が重なり合わない間隔で置きます。

植え替えのポイント

植え替え後、たっぷり灌水して用土を落ち着かせる

適量の用土を入れる

苗木を置き、用土を詰める

根元から数本の発育枝が伸長している苗木を選ぶ（5号鉢の例）

鉢植え樹の成長周期と管理

ブルーベリー樹を鉢・プランター植えで育てる楽しみは、季節の変化に合わせた開花、果実の成長と着色の進行、紅葉などを愛で、さらには品種別に完熟果を賞味できることです。これらの楽しみは、鉢植え樹の季節ごとの成長を定期的に観察することで、一層深まるはずです。

季節と成長、管理作業との関連

樹の1年の成長周期は、同一地域で同一品種であれば、普通栽培の場合と大きく変わらないでしょう。

ここでは、季節（月別）と新梢、開花、果実の成熟期（収穫期）などとの関係を、関東南部における観察から、ごく簡単に整理してみます。

●**3月**　例年、3月下旬になると、花芽が萌芽します。なかには、開花する品種もあります。

新たに鉢・プランター栽培を始める場合の植え替え、鉢替えの時期です。

●**4月**　上旬には、多くの品種が開花を始めます。少し遅れて葉芽（春枝）が発芽します。

中旬には開花が盛りとなります。着生花芽数が多い樹（枝）では、摘花房（果房）します。

●**5月**　上旬には開花期間が終わります。5月全体で見ると、果実の成長期です。春枝には、伸長中のもの、伸長が止まって2次伸長枝を伸長するものなどが見られ、普通栽培よりも早い伸長パターンを示します。

●**6月**　5月に続いて、新梢伸長は盛んです。極早生品種では、6月上旬から収穫できます。中生品種から極晩生品種では、果実の成長期および成熟期です。

鉢植えでも、1樹から5日置きに収穫すると、大きくておいしい果実を味わうことができます。

・7月　梅雨が終わる中旬までは、夏枝や徒長的な枝の伸長が目立ちます。

中生品種では果実の成熟期、極晩生品種では果実の成長期です。

・8月　新梢の伸長は、落ち着きます。極早生・早生・中生品種では、翌年、開花・結実する花芽の分化、花器の発育期です。極晩生品種は、まだ果実の成熟期です。

・9月　多くの品種では、成熟期が終了します。樹は、花芽の分化、花器の発育期ですから、健全葉を保持するために、特に病害虫や強風による葉の障害や落葉を防ぐよう管理します。

・10月　新梢伸長は見られませんが、葉は緑色です。品種によっては紅葉が始まります。

・11月　紅葉期から落葉期。秋の植えつけ、鉢替え、剪定作業などがあります。

・12月～2月　休眠期です。地上部は落葉していますが、生きています。根は休眠していませんから、土壌表面が乾いたら、適宜灌水します。

季節の主要な管理

季節の主要な管理のうち、結実率を高め、大きい果実を結実させるための受粉、おいしい果実を味わうための収穫法（成熟期の判断、摘み取り方、収穫日の間隔など）、収穫後の取り扱い方法などは、基本的には、「第2章ブルーベリーの栽培管理と作業」の各節で述べた内容と同じです。

ここでは、鉢・プランター栽培に特異的な管理作業について取り上げます。

鉢替え

1～2年間、同じ鉢で育てていると、根は伸長して鉢の中で一杯になり、鉢土面に張りつめ、底孔から張り出すようになる、いわゆる根詰まりを起こします。こうなると養水分の吸収が劣り、根はもちろん、枝葉の成長も悪くなります。

根詰まりを防ぐためには、植えつけ1～2年後の秋に、一回り大きい鉢か同じ鉢・プランターで、新しい用土に植え替えます。

鉢替えにあたって、根の扱い方、使用する土などは、前の「最初の植え替え」で述べた方法と同様です。

剪定

育てて楽しむことが目的の鉢・プランター栽培ですから、自分の好みの樹形に仕立てることもあるでしょう。しかし、大きくておいしい果実を収穫するためには、守るべき原則があります。結果習性（枝上の花芽の着き方）を理解した上で、樹の内部まで日光が投射し、風通しが良い樹形にすることが望まれます。

剪定する枝

①弱々しい枝、5㎝以下の短い枝、

下垂している枝は、発生基部から切除します。

②外側の枝から樹の内側の方向に伸長し、中央部で込み合っている枝は、基部から切除します。

③病害虫の被害枝葉は、見つけしだい除去し、土中に埋めて処分します。

④8月になって、1m以上も伸びた枝（発育枝や徒長枝）は、基部から3分の1～2分の1くらいの位置で切り返します。そうすると、残した枝の上部や新しく伸長した枝にも花芽が着きます。通常、上部に花芽が着いた枝からは、翌年、強い徒長的な新梢は発生しません。

望ましい樹形

鉢・プランター栽培に取り組んでいる家庭は、各地に見られます。しかし、どのような品種を、どのような樹形で育て楽しんでいるのか、なかなか知る機会がありません。

筆者は、菊鉢10号の大きさで、大まかに樹高が1m前後、株元から2～3本の主軸枝が立ち、樹の内部の枝が混み合わない樹形を想像して育てています。そのような樹で、果実収量は0.5～1.0kgが目標です。

日常の管理

日常の管理では、灌水、施肥、強い風による倒伏防止、病害虫防除などが重要です。

灌水のポイント

鉢・プランター栽培で、樹が枯死するのは乾燥か、逆に、水のやり過ぎによる酸素不足によるものです。

灌水は、成長期の夏季には、鉢ごとに、土の表面の乾燥程度や新梢の元気度（しおれの程度）を観察して判断します。梅雨期間を除けば、通常、晴天の日には、1日に1回は灌水します。

果実の収穫予定日には午前中の収穫後に、それ以外の日には、早朝に灌水します。

鉢への灌水は、底から水がしみ出すほどたっぷりと行う

1回の灌水量は、鉢の容量の20％くらいまでたっぷりと灌水します。鉢の上部に水がたまるような場合には、土壌が緻密で、排水が悪いことを示しています。応急的には、株元と鉢の端の中間の位置数か所に、径が1～2cmの棒で、鉢底まで穴を開けると、排水が改善されます。

使用する水は、水道水が一般的ですが、できれば汲み置きして使用するか、天然水をためておいて灌水すると良いでしょう。

肥料と施用量

鉢・プランター栽培の樹は、根域が限られているため、肥料分の過不足に敏感に反応します。肥料分は、適量、用土に常に安定してあることが望まれます。この状態を保持できるのは、緩効性肥料の施用です。一般的に、硫酸アンモニアを含むブルーベリー専用肥料、尿素入り緩効性肥料のＩＢ化成、マグアンプＫなどが勧められます。

施用量は、鉢の大きさによりますが、１鉢に５～10ｇです。固形肥料ですから、土の表面に置くと、灌水によって徐々に溶け出し、効果は４～６週間続きます。

風害対策

鉢植え樹は、根部に比べて地上部が大きいため、少しの強い風でも倒伏しやすくなります。

最も良い対策法は、場所全体を防風ネットで囲むことですが、限られたスペースでは設置が難しいでしょう。

樹（鉢）が小さいうちは、建物の陰や室内に移動することで倒伏を防止できます。

樹が大きくなって移動が困難な場合、特に台風のように強風の害が心配されるときには、あらかじめ鉢底を風上の方向に向けて倒しておくと、落葉、落果、枝の折損などの被害がないか、あっても軽くて済みます。台風が去った後は、鉢を戻し、地上部全体に水をかけ、枝葉から土を洗い落とします。

病害虫の防除

庭の鉢植え樹の観察では、開花時期に灰色カビ病が、５月にはミノムシ類、６月にはケムシ類の発生が見られます。

多くの場合、本書であげている病気と害虫の種類（「主要な病害虫の症状と防除法」参照）は、鉢・プランター栽培でも同様に見られることでしょう。

樹を定期的に観察しながら、病気や害虫は被害部の葉や小枝ごと取り去り、深さ10㎝ほどの土中に埋めます。この場合、必ずゴム手袋を着用して作業します。

収穫・貯蔵

鉢・プランター栽培でも、大粒で、おいしい果実を味わうためには、普通栽培と同様に、収穫適期の判断が重要であり、収穫方法にも注意すべき点があります。

また、収穫果の品質劣化を抑制しておいしい果実品質を保持するためには、生食する場合でも、加工品をつくる場合でも、家庭用冷蔵庫でできる低温貯蔵および冷蔵貯蔵することが勧められます。

これらの収穫、貯蔵法については、前述の「収穫果の品質保持と貯蔵」の節で述べています。

第3章

ブルーベリー果実の成分・機能・加工

「安全・安心、美味」の完熟ブルーベリー

経済栽培でも、家庭で育てる場合でも、「安全・安心で、おいしく、しかも健康に優れたブルーベリー」の生産は、共通した願いです。ブルーベリー果実は、商品です。このため、栽培（生産）者あるいは消費者の視点から、店頭に並んだブルーベリー生果の品質の判断が求められます。また、ブルーベリー果実の健康効果や果実の特徴を活かした利用法の情報は、食べる楽しさを広げてくれます。本章では、まずブルーベリー果実の品質について、次に果実の栄養成分、食品としての機能を概説します。最後に、家庭で楽しめる果実の利用・加工法についても紹介します。

ブルーベリー果実の品質評価

果実の品質評価

果実品質とは食品や商品としての性質、品柄、その良し悪しの程度をさします。具体的には外観、食味、栄養価、日持ち性（貯蔵性、輸送性）、および安全性の集約されたものが品質です。

　嗜好性の高い果実では、品質評価の基準となる要因は非常に多様です。

　ここでは、園芸作物の例を参考にして（河瀬 1995）、ブルーベリー果実に特徴的な「果実の果柄痕の大小と乾燥程度」、「生体調節機能」の二つを加え、ブルーベリー果実の品質構成要素とします。

　品質評価の基準は、果実の購入時点、その後の利用段階、消費者の志向などによって変わります。

摘み取り、選果した後の完熟果

購入する際の判断

店頭販売のパック詰めいろいろ

　生果を購入する際の判断基準は、一般的に、果実の大きさと揃い、果形、果面の外傷の程度、鮮度（果実の萎縮）などの見た目によるものです。また、果面の着色の程度が、熟度とも関係して重視されます。

食べる段階での基準

　購入後、果実を食べる段階では、判断基準は嗜好特性のうちでも果皮の硬さや肉質、多汁性、舌触り（種子の大きさ、多少）などに移り、また、風味の要因である香り、糖度などが加わります。

　さらに、健康を強く意識して食べる場合には、残留農薬などの安全性、ビタミン類、ミネラルなどの栄養特性、アントシアニン色素、ポリフェノール類などの生体調節機能特性なども着目されるでしょう。

食品としての特徴と成分、機能

今日、果実を含めて食品の働きは、1次機能（エネルギー供給源としての栄養機能）、2次機能（味や香り、色などおいしさを満足させる感覚機能）3次機能（生体調節機能）から評価されることが一般的です。

食品としての特徴

まず、ブルーベリー果実の食品としての特徴を取り上げます。

丸ごと食べられる小果

消費者の果物離れの一因に、果皮をむくのが面倒である、という理由があげられています。

すなわち、果実を食べる際の簡便性が重視されているのですが、ブルーベリーは丸ごと食べるのが基本です。このため、果皮をむく必要がなく、また、食べられない果芯部や種子は残ることのない、いわゆる廃棄率ゼロの果実です。

廃棄率ゼロといっても、特にエネルギーが高いわけではありません。生果のエネルギーは49kcalで、スナック菓子類の約7分の1〜11分の1です（香川2012）。

安全性と新鮮さが持ち味

果実を食べる際、その安全性と新鮮さは、ともに重視されています。

経済栽培の場合、果実の成熟期間中は、病気や害虫防除のために農薬を散布しないことを原則としています。年間を通して、無農薬栽培の園は、全国各地で多数見られます。

家庭では、庭植でも鉢植えでも、適切な管理の下では無農薬で育てられますから、何より安全で、安心して食べられます。さらに、摘み取ったばかりの果実を食べるのですから、これ以上の新鮮さはありません。

栄養機能（1次機能）

果実に求められる栄養成分は、一般的に、ミネラル（無機塩類）、ビタミン類、食物繊維です。

ブルーベリー果実の主要な栄養成分は、**表14**のとおりです。

ミネラル

ブルーベリーには亜鉛、マンガンが多く含まれています。

亜鉛　亜鉛の含量は、0・1mgです。亜鉛は、人体では皮膚、ガラス体、前立腺、肝臓に多く含まれています。インスリンの構成元素で、また、核酸やたんぱく質の合成に関与する酵素をはじめ、多くの酵素の構成成分です。

亜鉛の所要量（食事摂取基準による推奨量）は、成人（30〜49歳）の男子では1日12㎎、女子では10㎎とされています。欠乏すると、小児では成長障害、皮膚炎が起こります。成人でも、皮膚、粘膜、血球、肝臓などの再生不良、味覚や臭覚障害が起こり、免疫たんぱくの合成能が低下することが知られています。

マンガン　マンガン含量は0・26㎎で、果実の種類全体の中でも多い方です。マンガンは人体内では生体内組織、臓器にほぼ一様に分布しています。また、血清中β-グロブリンと結合しています。

マンガンは、骨・肝臓の酵素作用を活性化し、また、骨（リン酸カルシウム）生成を促進する働きがあります。

摂取推奨量（目安量）は、成人1日、男子で4㎎、女子では3・5㎎です。欠乏すると、骨の発育低下や生殖能力の低下をきたします。成長障害、骨格障害、運動失調などが生じるであろうとされています。

ビタミン類

ビタミンは、ヒトの生体内ではほとんど合成できないため、健康を維持するためには、食品から適正量の摂取が必要です。

ブルーベリーのビタミン類の含有量は、他の種類の果実と比較して多い方ではありませんが、葉酸、「抗酸化ビ

表14　ブルーベリー果実の主要な栄養成分
（可食部100g当たりの成分値）

成分および単位			生果	ジャム
廃棄率		%	0	0
エネルギー		kcal	49	181
基礎成分	水分	g	86.4	55.1
	タンパク質	g	0.5	0.7
	炭水化物	g	12.9	43.8
無機質	ナトリウム	mg	1.0	1.0
	カリウム	mg	70.0	75.0
	鉄	mg	0.2	0.3
	亜鉛	mg	0.1	0.1
	銅	mg	0.04	0.06
	マンガン	mg	0.26	0.62
ビタミン	A（β-カロチン）	μg	55.0	26.0
	E（トコフェロール）	mg	2.3	3.1
	B_1	mg	0.03	0.03
	B_2	mg	0.03	0.02
	葉酸	μg	12.0	3.0
	C	mg	9.0	3.0
食物繊維	水溶性	g	0.5	0.5
	不溶性	g	2.8	3.8
	総量	g	3.3	4.3

（香川芳子監修　2012から作成）

タミン」といわれるビタミンEとビタミンCが含まれています。

葉酸　葉酸（プテロイルモノグルタミン酸）は、ブルーベリーには、12μg含まれています。葉酸は、水溶性ビタミンでビタミンB群に分類され、生体内では補酵素として働きます。特に、ビタミンB_{12}とともにメチオニンの生成に関与していて、胎児にとっては重要な栄養成分です。摂取推奨量は、成人1日、男子、女子でともに240μgです。特に妊婦の場合には、さらに240μgプラスして摂取することが勧められています。

欠乏すると、巨赤芽球性貧血になり、出血傾向の病気に対する抵抗が減少します。欠乏症は、妊娠中に見られることが多く、また、抗がん剤使用時に多いとされています。

ビタミンE　ビタミンE含量は、2・3mg（トコフェロールαとγ）です。ビタミンEは、ビタミンAやカロテンの酸化を防ぎ、細胞壁および生体膜の機能維持に関与し、赤血球の溶血防止などの働きをしています。さらに老化防止に役立ちます。

摂取目安量は、成人1日、男子で6・5mg、女子で6mgとされ、欠乏すると、神経機能低下、筋無力症、不妊などの起こることが知られています。

ビタミンC　ビタミンCの含有量は、9mgです。ビタミンCの生理作用は、コラーゲンの生成や、毛細管、歯、軟骨、結合組織の機能を高めます。また、Feの吸収やビタミンEの再利用、コレステロール代謝に有効です。

食事からの摂取推奨量は、成人1日、男子、女子ともに100mgです。欠乏すると、壊血病や皮下出血をもたらし、コラーゲンの形成低下、プロリンの水酸化反応を抑制します。また、骨形成不全、成長不全、チロシン-DOPA反応系を阻害します。肝臓、腎臓、骨格筋などのカルニチン濃度を減少させます。歯肉色素沈殿症は、ビタミンCの欠乏症です。

ビタミンCは水溶性ですから、多くの野菜類では、調理によって失われます。生で摂食する果実は、ビタミンCの供給源として優れています。

食物繊維　ブルーベリーの食物繊維含有量は、100g中総量が3・3gで、果実の中でも多い方です。

食物繊維には、セルロース、ヘミセルロース、リグニン、キチンなどの不溶性のものと、ペクチン、植物ガムなどの水溶性のものがあり、それぞれ、効果や生理機能が異なります。

一般に、不溶性食物繊維は、糞便量を増やすなどの便秘解消に効果が大きいとされています。水溶性のものは、小腸で他の栄養素の消化・吸収を抑制したり阻止する働きが大きく、血中コレステロールの低下や血糖値の改善などに効果があるとされています。

目標摂取量は成人1日、男子で20g

以上、女子で18g以上とされています。

感覚機能（2次機能）

「濃い青色に象徴されるアントシアニン色素、甘酸っぱい風味、ほのかな香り」は、ブルーベリー果実の特徴です。これらの味や香り、色など、おいしさを満足させる感覚機能は、食品の2次機能にあたります。

アントシアニン色素

成熟果のアントシアニン色素　ブルーベリーという名称は、果色のアントシアニン色素に由来しています。

ブルーベリーのアントシアニン色素は、五つのアントシアニン（シアニジン、デルフィニジン、マルビジン、ペツニジン、ペオニジン）に、三つの糖（グルコース、ガラクトース、アラビノース）が、それぞれ一つずつ結合して、全部で15種のグルコシド（配糖体）からなっています。成熟果の果色が青色、明青色、暗青色（紫青色）などに区分されるのは、品種によってアントシアニン色素が異なるからです。

目の働きによいアントシアニン　アントシアニン色素に、「目にいい」生体調節機能のあることは、広く知られています。「目にいい」ということでの一つの象徴的なエピソードを紹介しましょう。

第二次世界大戦中、ブルーベリージャムが大好物で毎日食べるほどのイギリス空軍のパイロットが夜間飛行、明け方の攻撃で「薄明かりのなかで物がはっきり見えた」と証言。その話からイタリア、フランスの学者が研究を開始し、野生種のブルーベリー色素にあるアントシアニンに「人の目の働きをよくする効能がある」ことがわかったとされています。

糖（主に果糖とブドウ糖）

ブルーベリー成熟果の甘味を示す糖は、主に果糖（フルクトース）とブドウ糖（グルコース）で、全糖に対し90%以上を占めています。また、果糖とブドウ糖の比率は、ほぼ一定（1～1・2）です。

糖含量の多少は、品種特性の一つですが、成熟段階によっても異なります。一般に、糖含量は未熟果で少なく、成熟段階の進行とともに高くなり、完熟果で最高になります。

一方、酸含量は、成熟段階の進行とともに低くなるため、糖酸比（一般に、全糖／クエン酸含量の比）が高くなり、品種特有の風味を醸し出します。

酸（ほとんどがクエン酸）

酸の種類は、糖と同様に品種特性ですが、タイプによって異なります。

ノーザンハイブッシュの酸は、平均して1%前後あり、ほとんどがクエン酸で83～93%を占め、残りは少量のキナ酸とリンゴ酸です。このため、ノーザンハイブッシュ果実の爽やかな酸味はクエン酸によるものです。

一方、ラビットアイではコハク酸が最も多くて全体の50％を占め、ついでリンゴ酸が約34％、クエン酸は少なく約10％です。ラビットアイの酸味は、ノーザンハイブッシュとは異なり、コハク酸とリンゴ酸とによるものです。

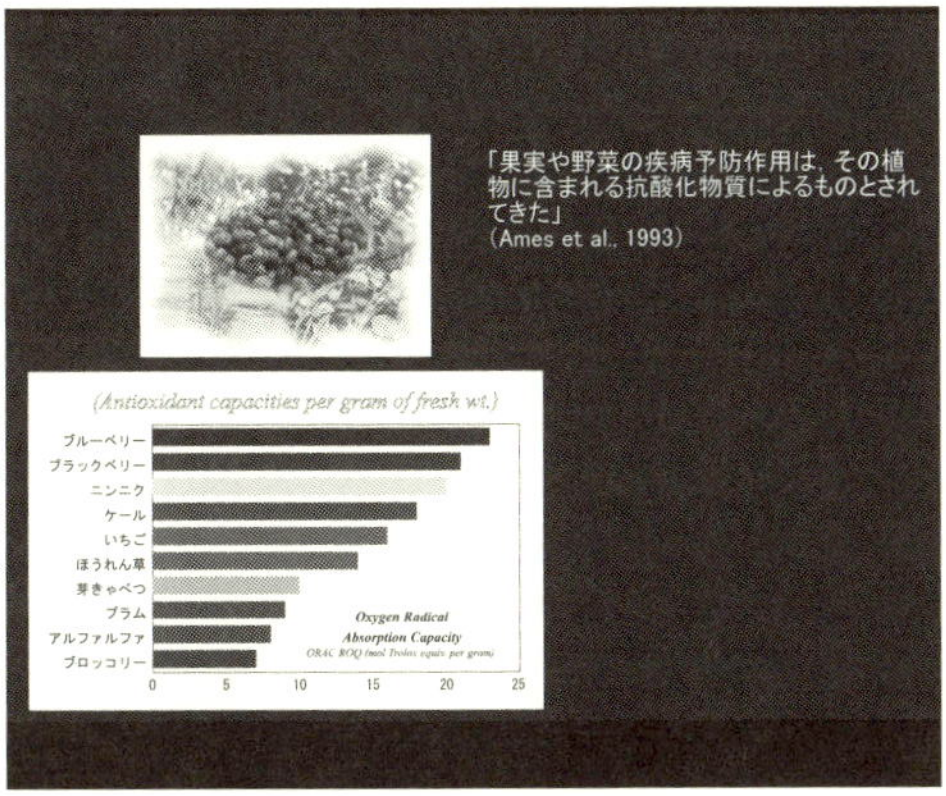

ブルーベリーの抗酸化作用が最も高い

生体調節機能（3次機能）

食品の働きが三つの機能から評価されはじめて以降、ブルーベリーが健康果実として一躍注目されるようになりました。それは、ブルーベリー果実が持つ高い抗酸化作用成分が、食品の第3次機能である生体調節機能として評価されたことによるものでした。

強い抗酸化作用

今日、食生活との関連で、がん、糖尿病、動脈硬化などの「生活習慣病」の予防は国民的課題になっています。このような生活習慣病は、抗酸化作用の強い食品の摂取による予防効果の高いことが、明らかにされています。

ブルーベリー果実の抗酸化作用

ブルーベリー生果が強い抗酸化物質を持っていることは、1997年、ア

表15　ブルーベリー果実の抗酸化力、アントシアニン、フェノール類およびビタミンC含量の比較

ブルーベリーのタイプ1)		抗酸化力（μmolトロロックス/g）	全アントシアニン2)（mg/100g）	全フェノール類（没食子酸）（mg/100g）	全アントシアニン／全フェノール類（mg/mg）	ビタミンC（mg/100g）
栽培ブルーベリー	NHbの平均	24.0±0.7	129.2±3.2	260.9±6.9	0.494±0.02	10.2±0.27
	SHbの平均	28.5±4.0	123.8±17.6	347±38.2	0.358±0.04	7.2±1.5
	Rbの平均	25.0±2.7	123.9±4.2	339.7±14.6	0.370±0.06	8.4±0.21
ローブッシュブルーベリーの平均		36.4±3.6	148.2±21.0	398±39.6	0.367±0.03	5.5±1.5

（Prior　et　al.1998から作成）

1）NHb（ノーザンハイブッシュ）は8品種、SHb（サザンハイブッシュ）は5品種、Rb（ラビットアイ）は4品種、ローブッシュブルーベリーは3品種および2地点の平均　　2）シアニジン-3-グリコシド相当量

メリカ連邦農務省の研究によって明らかにされました（プライアー１９９７）。アメリカ産果実と野菜を合わせて43種の生鮮物について調べたところ（ＯＲＡＣ法、酸素ラジカル消去能の測定）、抗酸化作用は、ブルーベリーが最も高い値を示したのです。

ブルーベリーのポリフェノール

抗酸化作用は、植物が含有するポリフェノールによることが明らかにされています。

抗酸化（力）は、タイプによって異なります**（表15）**。

ブルーベリーのポリフェノールは、主に、アントシアニン（30～40％）、クロロゲン酸（30％）、プロアントシアニジン（20％）の三つからなります。そのほか、フラボノール配糖体（５％）、カテキン・その他（５％）も含まれています（カルト２００２）。

ポリフェノールの主要な生体調節機能は、主として次の三つです。

抗発がん性　ブルーベリーの主要なポリフェノールの一つであるプロアントシアニジンは、抗発がん性で、がん細胞が急速に増殖する性質を持った酵素作用を制御する働きをすることが知られています。

心疾患―アテローム性動脈硬化　アテローム性動脈硬化は、コレステロールが動脈壁内面に沈着してアテローム（atheroma、粉瘤）ができるもので、脳動脈、冠状動脈などに起こりやすい性質のものです。脳動脈硬化では脳梗塞の原因となり、冠状動脈の硬化は心筋梗塞の原因となります。

アテローム性動脈硬化は、ポリフェノール含量の多い食品の摂取によって抑制されるとされています。

老化の遅延　今日、食品による老化の遅延が注目されています。それは、高齢化社会になって、単に平均余命を伸ばすだけでなく生活の質を維持し、生きがいのある人生を送ることこそが重要であるとの認識によっています。

動物試験の結果ですが、ポリフェノールを多く含む食品の摂食によって、老化に伴って低下した運動能力、認知（記憶）機能や情報伝達機能が、回復することが明らかにされています（ジョセフら１９９９）。

生食の素晴らしい健康効果

ブルーベリーの食べ方は、生食が基本です。生果は、糖と酸が調和して爽やかな風味を呈します。また、生果には、ミネラル、ビタミン類、食物繊維、「目にいい」アントシアニン色素、「生活習慣病」の予防効果の高いポリフェノール類が多く含まれています。

ブルーベリーを生食すると、生果の風味を楽しみながら、果実が含有する健康に優れた栄養成分と機能性成分の全てを摂取できるのです。

果実の利用加工のポイント

この節では、特に果実の利用の視点から、家庭で楽しめるブルーベリー生果実の食し方、ごく一般的な加工品のつくり方と味わい方を紹介します。

生果実を味わう

ブルーベリーは生の完熟果を味わうのが基本

ブルーベリーの食べ方は、果実（完熟果）を丸ごと食べる、いわゆる生食《せいしょく》が基本です。

完熟果の収穫　ブルーベリーは、デンプン果実でないため、収穫後にデンプンが糖化して、糖度が高まることはありません。

すなわち、ブルーベリーは、成熟期の最終段階に達すると、果皮のアントシアニン色素含量と果実中の糖濃度が最大になり、逆に酸は減少します。併せて、果肉は軟化し、香りが高まります。こうして、特有の風味が醸し出されます。このようなブルーベリー果実の成熟特性から、最もおいしい果実は、まずもって完熟果を収穫することです。

完熟果を味わう　完熟果は、糖と酸が調和して爽やかな風味を呈するため、生食して最もおいしい段階のものです。

完熟果は摘み取ってすぐに、あるいはいったん冷蔵してから食されます。いずれの場合もブルーベリーの生食は、新鮮な果実をおいしく、その上、含有する健康に優れた栄養成分、機能性成分の全てを摂取できる最も理想的な食べ方です。「完熟果は、完成された果物」といわれる所以です。

家庭で育てている場合には、枝や果実の成長を観察しながら、完熟期に合わせて、新鮮な果実の風味を、品種ごとに味わえる楽しみが加わります。

いろいろな味わい方　生食の様式は、一般的には、二つに整理できます。一つは、市販されている生果を買い求めて食する場合です。もう一つは、自家の庭先での摘み取り、あるいは近くの観光農園を訪ねて、自分の目で完熟果や大きい果実を選別して摘み取り、その場で堪能するものです。

具体的には、市販の果実でも、庭先で摘み取ったものでも、いったん冷蔵庫で冷やした後、専用の食器に盛りつけ、利用されています。実際の食べ方を列挙します。

- デザートにする。
- 野菜サラダやフルーツサラダに添える。
- 季節の果実や缶詰を合わせてフルーツポンチにする。
- 乳製品と相性が良いことから、生クリーと合わせて、ヨーグルトやアイスクリームの上に数粒ずつのせて、風味を味わう。

加工品のつくり方、楽しみ方

ブルーベリーは、ジャム、ゼリー、ソース、ジュースやドリンク、パイやマッフィンなどの製菓原料、ドライフルーツ、ブルーベリー料理など、幅広く加工されています。

果実用原料の特徴と注意点

加工用には、収穫シーズンには生果が、シーズンオフには冷凍果が使用されますが、使用にあたって、それぞれに特徴と注意点があります。

生果を利用する場合の注意点　摘み取ったブルーベリーは、できるだけ早く低温に保ちます。摘み取った後、常温に置くと、高温による品質の劣化、糖や酸の内容成分の減少、さらに蒸れ、果肉の軟化、果汁の漏出、腐敗などが急激に進行するからです。

なお、収穫果の品質保持法については、第2章の「収穫果の品質保持と貯蔵」の節で取り上げています。

冷凍果の特徴　ブルーベリーは、マイナス20℃以下の温度で保存した場合、次の年の収穫期まで保存できます。

ブルーベリーは、解凍後でも、酸化による急激な変化が起こらず、色調や肉質の変化はきわめて少なく、加工原料として適しています。しかし、冷凍果は、果肉が崩れやすいため、生果実を使用した場合のように、果実の形を残す製品（プレザーブスタイル）の加工は困難です。

冷凍果は、スーパーや食料品店では、1年を通して販売されています。市販の果実は、品種名は不明ですが、成熟度が揃い、異物の混入がないなど、利用しやすいのが利点です。

ファスナー付きポリ袋に入れた冷凍果実

市販の袋入り冷凍果実

　庭先で摘み取った果実は、家庭用の冷凍庫で、貯蔵できます。

加工品をつくる前の検討事項

　良品質の製品は、加工原料となる果実の吟味から始まります。一般的に、加工原料としての注意点は、加工適性に合う品種の選択、果実の成熟度合い、異物除去の三つとされています。

　原料の選別について、要点を整理してみましょう。

品種　ブルーベリーは、品種によって、果実の糖度、酸度、果色や肉質（特にペクチン質）が大きく異なります。例えば、ジャムの製造には、ペクチン質を多く含み、酸味の強い果実が適しているとされています。

　しかし、現在のところ、各種の製品の加工に適した品種は、例えばジャム用とかジュース用とかに特定されていません。

　家庭でつくる場合、多くは、市販の果実、あるいは自家の庭先や観光農園で自ら摘み取った果実で、数品種が混合したものでしょう。

果実の成熟度　果実の成熟度の揃いは重要で、最も適しているのは、完熟果（適熟果）です。未熟果や過熟果、腐敗果は、加工には適さないため、除去します。

　未熟果は果肉が硬いため、混入すると加えた糖の浸透がスムーズにいかなく、製品の品質が安定しません。過熟果はカビが発生し、腐敗している恐れがあります。腐敗果が混入すると、製品が異味や異臭を発生する危険性が高まります。

異物の混合　さらに、葉、小枝、果柄、害虫など異物が混入していないことです。一般的に、市販されている果実の場合、異物は出荷前の選果作業で除去されています。

　異物の混入に注意したいのは、自家の庭先や観光農園で、自分で摘み取った果実の場合です。

家庭での加工品のつくり方

　ブルーベリー果実は、利用用途が広いことから、多岐にわたる加工製品が市販されています。

　ここでは、多くの家庭で試みられているジャム、ジュース類、果実酒のつくり方と楽しみ方の一例を紹介します

（日本ブルーベリー協会 1997、2002）。

ジャムのつくり方

ジャム（jam）は、果実中のペクチン質が、酸性溶液中で、脱水作用を受けると軟らかくなる作用（ゲル化現象）を利用したものです。一般的には果実に砂糖を加え、煮詰めてつくります。

ジャムは、ブルーベリーの代表的な加工品です。家庭でもオリジナルの風味を求めたジャムづくりが盛んです。

ジャムは、材料に生果、もしくは冷凍果を使用します。ここでは、冷凍果を使用する場合のつくり方の一例を紹介します（福田 2015）。

材料と用意するもの

冷凍果実　2kg

グラニュー糖（砂糖）800～1000g

レモン　1～2個

鍋（ホーロー鍋か、耐熱ガラス製鍋）蒸し器　レモン搾り器　木製のおたま、しゃもじ

じょうご（ジャム用広口など）

ジャム瓶

つくり方の手順

①冷凍果の半量を解凍後ミキサーにかけ、鍋に入れる。

②鍋に、分量のグラニュー糖の3分の加えと搾ったレモン汁を入れ、中火で煮始める。焦げないように、しゃもじで混ぜ続ける。

③煮立ったところで、残りの果実とグラニュー糖3分の1を加える。焦げないよう混ぜ続ける。

④煮立ったら残りの砂糖を加える。しばらく、出てくるアクをていねいに取り除きながら、焦げないように混ぜ、煮詰める。

⑤コンロが二つあれば、並行してジャム用瓶と蓋を蒸し器に入れて蒸気殺菌しておく。

⑥アク取りがしばらく続き、アクが出なくなったときができ上がり。

⑦火を止め、熱いうちに⑥の蒸し器に並べたジャム瓶に、じょうごを使っ

煮立ったら残りの果実とグラニュー糖を入れ、中火で煮る

焦げないように混ぜ続け、アクをていねいに取り除いて煮詰める

蒸気殺菌しておいた瓶にジャムを入れ、蒸し器で10分ほど蒸して脱気する

て大雑把に入れる。残りは、おたまで充塡する。

⑧充塡し終わったら、ジャム瓶に蓋をかぶせ、蒸し器で10分ほど蒸して脱気と殺菌をする。

⑨厚手のゴム手袋をしてジャム瓶を取り出し、蓋をギュッと締め、逆さにして30分くらい放置する。

⑩その後、ジャム瓶ごと水洗いする。水気を拭き取って、手づくりのラベルを貼ったら仕上がり。

メモ　そのまま長期間、常温でも保存できるが、開封後には冷蔵庫に保存する。

ジャムの楽しみ方いろいろ

ブルーベリージャムは、砂糖を入れてつくっていますので、果実と糖の旨味が渾然一体となり、甘さとおいしさが一層引き立ち、色合い、質感などが好まれ、いろいろな食の場面で利用されています。特に、乳製品と相性が良いことから、家庭では、次のような楽しみ方が多いようです。

- パンやクラッカーにブルーベリージャムをのせる。
- プレーンヨーグルトにブルーベリージャムを加える。
- オートミールやコーンフレークに、牛乳だけでなくブルーベリージャムも加える。
- アイスクリームにブルーベリージャムを加える。
- パンケーキに。焼きあがったパンケーキに、ブルーベリージャムを添える。メープル風味とよく合う。
- 紅茶に。少し濃くした紅茶に、ブルーベリージャムを加える。ブルーベリーの香りが、紅茶によく合う。

ジュースのつくり方

ジュース（juice）とは、果物や野菜の汁のことで、食品表示の基準上は１００％果汁の製品をさします。

ブルーベリージュースは、ジャムと同様に家庭でつくられている代表的な加工品です。

１００％ジュースの魅力

ブルーベリーの１００％ジュースは、完熟した生果と冷凍果だけを用い、ミキサーで攪拌して、とろりとさせた冷たい飲み物ものです。でき上がりは少し凍った状態（シャーベット）であり、ストローが倒れないジュースとして人気です。牛乳やヨーグルトを加えると、スムージー（smoothie）になります。

果実丸ごとの１００％ジュースは、加工段階で熱を加えていないため各種栄養分の分解がなく、生果を食していると同様に栄養成分を摂り、風味を楽しむことができます。

材料とつくり方

ブルーベリー果実３００g、グラニュー糖１５０g、水５００mℓ、レモン汁10mℓでつくります。沸騰させた鍋に、ブルーベリーを入れ、中火で約10分煮た後、布巾で漉し、さらにレモン汁を加えて5分くらい煮ます。きれいな色のジュースになります。

冷却後、容器に詰め、冷蔵庫で保存します。

砂糖で自然抽出ジュース

ブルーベリーの生果から、砂糖でジュースを抽出する方法です。

広口の瓶に、ブルーベリー生果を一定量入れ、その量の5分1の白砂糖を加えておくと、1~2週間でブルーベリーから澄んだ果汁が出てきます。その果汁を、水や炭酸水で割って飲みます。抽出滓《かす》（果実）は、エキスが抜けておいしくないので、ジャムなどに再加工せず、土に返します。

生果まるごとの100%フレッシュ生ジュース

果実酒のつくり方

果実酒（リキュール、liqueur）は、果実浸漬《しんせき》酒で、果実をアルコールに浸し、砂糖を加えてつくったものです。果実を発酵させてつくるワイン（発酵酒）とは違います。

砂糖を加えるのは、酒に甘味をつけるためだけではなく、果実成分の浸出を促すためです。

材料と用意するもの

ブルーベリー　600g
氷砂糖　400g
ホワイトリカー　1・8ℓ
瓶（広口で透明なガラス製）

つくり方の手順

①完熟したブルーベリーの生果あるいは冷凍果を、瓶に入れる。
②ホワイトリカーを、全量注ぐ。
③氷砂糖を果実の上にのせて漬け込み、冷暗所で保存、抽出する。
④氷砂糖は2日ほどで溶け、果実は浮く。2か月ほどで果実エキスが十分に抽出され、液は鮮やかな色になる。
⑤抽出が十分に行われると、果粒の表皮はややくすみ、崩れ気味になるため、果実は取り出す。
⑥取り出した果実は、梅酒の梅のようには再利用できないので、土に返す。

楽しみ方の例

ロック、炭酸割り、カクテルベースとして、ブルーベリーの特徴的な色、味、香りを楽しむことができます。

◆主な参考・引用文献

＊本文中に記した文献（研究者、年代）のほか、以下の文献を参考にし、引用しました

Austin, M. E. (1994) Rabbiteye blueberries. AGSIENCE. Inc. Auburndale, Fla.：pp.160.

Childers, N. F. and P. M. Lyrene eds.（2006）Blueberries for growers, gardeners, promoters. N. F. Childers Publications. Gainesville, Fla.：pp.266.

Eck, P. and N. F. Childers eds. (1966) Blueberry culture. Rutgers Univ. Press. New Brunswick, NJ.：pp. 378.

Eck, P.(1998).Blueberry science. Rutgers Univ, New Brunswick, NJ.：pp.284.

Gough, R. E.（1994）The highbush blueberry and its management. Food Products Press. Binghamton, NY.：pp.272.

藤原俊六郎ら（2012）新版土壌肥料用語事典　第２版．農文協：pp.304.

廣田信七編著（2009）ミニ雑草図鑑（第11刷）．全国農村教育協会：pp.190.

岩垣駛夫・石川駿二編著（1984）ブルーベリーの栽培．誠文堂新光社：pp.239.

岸國平編（1998）日本植物病害大事典．全国農村教育協会：733－889.

Lyrene、P. M. (1997) The brooks and olmo register of fruit & nut varieties（third edition）－ blueberry. ASHA Press. Alexandoria VA.：174-188.

間苧谷徹ら（2002）新編果樹園芸学．化学工業日報社：pp. 592.

日本ブルーベリー協会編（1997）ブルーベリー　～栽培から利用加工まで～．創森社：pp.191.

日本ブルーベリー協会編（2000）家庭果樹ブルーベリー　～育て方･楽しみ方～．創森社：pp.143.

日本ブルーベリー協会編（2002）ブルーベリー百科Q & A．創森社：pp.223.

日本ブルーベリー協会編（2005）ブルーベリー全書～品種・栽培・利用加工～　創森社：pp.411.

Retamales, J. B. and J. F. Hancock (2012)　Blueberries. CABI.　Cambridge, MA.：pp.323.

Pritts, M. P. and J. F. Hancock eds.（1992）Highbush blueberry production guide. NRAES Cooperative Extension .Ithaca, NY. NRAES-55. pp.200.

坂上泰輔･工藤晟編（1995）ひとめでわかる果樹の病害虫 第３巻．日本植物防疫協会：pp.261.

志村勲編著（1993）平成４年度種苗特性分類調査報告書（ブルーベリー）｛平成４年度農林水産省農産園芸局種苗特性分類調査事業｝．東京農工大学農学部園芸学教室.

石川駿二・小池洋男著（2006）ブルーベリー作業便利帳．農文協：pp.174.

玉田孝人（2009）ブルーベリー生産の基礎．養賢堂：pp.205.

玉田孝人（2014）農業と経営　基礎からわかるブルーベリー栽培 安定生産と観光農園経営を成功させる．誠文堂新光社：pp.367.

玉田孝人・福田俊（2007）育てて楽しむブルーベリー12か月．創森社：pp.96.

玉田孝人・福田俊（2011）ブルーベリーの観察と育て方．創森社：pp.120.

梅谷献二・岡田利承編（2003）日本農業害虫大事典．全国農村教育協会：303－580.

(有)アルビック
〒 619-0223　京都府木津川市相楽台 2-9-15　電話 0774-72-8728
URL　http://albicseed.com/

オーシャン貿易(株)
〒 604-8134　京都市中京区六角通烏丸東入堂之前町 254　WEST18　4F
電話 075-255-3000　URL　http://www.oceantrading.co.jp/

朝日園
〒 665-0874　兵庫県宝塚市中筋 8 丁目 19-13　電話 090-9053-4250
URL　http://www.asahien.jp/

(株)山陽農園
〒 709-0831　岡山県赤磐市五日市 215　電話 086-955-3681
URL　http://www.sanyo-nursery.co.jp/

大崎ふれあい農園
〒 725-0301　広島県豊田郡大崎上島町中野 4940-1　電話 0846-64-2163

内山園芸
〒 839-1214　福岡県久留米市田主丸町地徳 2282　電話 0943-73-0320

福田　俊
〒 176-0023　東京都練馬区中村北 1-19-3　電話 03-5241-7630
URL　http://www.fukuberry.com

トキタ種苗（株）
〒 337-8532　埼玉県さいたま市見沼区中川 1069　電話 048-683-3434
URL　http://www.tokitaseed.co.jp

◆苗木入手先インフォメーション

＊2015年11月現在。ホームセンター、園芸店、JA（農協）などでも取り扱っています

(株)天香園
〒999-3742　山形県東根市中島通り1-34　電話0237-48-1231
URL　http://www.tenkoen.co.jp/

(有)大関ナーセリー
〒300-0001　茨城県土浦市今泉307-2　電話029-831-0394
URL　http://www.ozekinursery.jp/

(株)外塚農園
〒315-0055　茨城県かすみがうら市稲吉南3-6-8　電話029-831-0310
URL　http://www.totsuka.be/

宮田果樹園
〒378-0103　群馬県利根郡川場村中野132　電話0278-52-2700
URL　http://ringo.boy.jp/

(株)小林ナーセリー
〒334-0059　埼玉県川口市安行944　電話048-296-3598
URL　http://kobayashinursery.jp/

エザワフルーツランド
〒292-0201　千葉県木更津市真里谷3832　電話0438-53-5160

(財)ふれあいの里公社　モデル農場
〒928-0333　石川県鳳珠郡能登町黒川1-205-4　電話0768-76-0014

ニッポン緑産(株)
〒390-1131　長野県松本市大字今井2534　電話0263-59-2246
URL　http://www.ryokusan.com/

(有)小町園
〒399-3802　長野県上伊那郡中川村片桐針ヶ平　電話0265-88-2628
http://www.komachien.net/

(株)ブルーベリーオガサ
〒439-0009　静岡県菊川市下平川667-2　電話0537-73-6636
URL　http://www.blueberryogasa.com/

強剪定で樹を若返らせる

完熟果（サザンハイブッシュ）

●

デザイン――寺田有恒　ビレッジ・ハウス
撮影――福田 俊　玉田孝人
取材・写真協力――大関ナーセリー／マザー牧場／岩佐ブルーベリー園
ブルーベリーフィールズ紀伊國屋／月山高原鈴木農園
ブルーベリーガーデン IKEDA ／倉澤ナーセリー
ブルーベリーレーンいなぶ／加藤實子／蕨 順一
飯沼本家きのえね農園／美里町みのり園
真行寺ブルーベリー園／遠野ブルーベリーの森
ベリーコテージ／ブルーベリーの郷／椎名ブルーベリー園
ハーブとブルーベリーのベリーズ
三浦美恵／三戸森弘康／三宅 岳
イラストレーション――宍田利孝
校正――吉田 仁

●玉田孝人（たまだ たかと）
ブルーベリー栽培研究グループ代表、果樹園芸研究家。

1940年、岩手県生まれ。東京農工大学大学院農学研究科修士課程修了。日本ブルーベリー協会副会長などを務める。著書に『ブルーベリー百科Q&A』『ブルーベリー全書〜品種・栽培・利用加工〜』（ともに日本ブルーベリー協会編、共同執筆、創森社）、『育てて楽しむブルーベリー12か月』『ブルーベリーの観察と育て方』（ともに共著、創森社）ほか

●福田 俊（ふくだ とし）
東京農業大学グリーンアカデミー講師、園芸研究家。

1947年、東京都生まれ。東京農工大学農学部卒業。日本ブルーベリー協会理事などを務め、2008年に育成者として「フクベリー」を品種登録。著書に『育てて楽しむブルーベリー12か月』『ブルーベリーの観察と育て方』（ともに共著、創森社）、『育てて楽しむ種採り事始め』（創森社）ほか

図解《ずかい》 よくわかるブルーベリー栽培《さいばい》

2015年12月3日 第1刷発行

著　　者——玉田孝人《たまだたかと》 福田 俊《ふくだとし》

発 行 者——相場博也
発 行 所——株式会社 創森社
〒162-0805 東京都新宿区矢来町96-4
TEL 03-5228-2270 FAX 03-5228-2410
http://www.soshinsha-pub.com
振替00160-7-770406
組　　版——有限会社 天龍社
印刷製本——中央精版印刷株式会社

 ISBN978-4-88340-301-1 C0061

〝食・農・環境・社会一般〟の本

創森社 〒162-0805 東京都新宿区矢来町96-4
TEL 03-5228-2270 FAX 03-5228-2410
http://www.soshinsha-pub.com
＊表示の本体価格に消費税が加わります

固定種野菜の種と育て方
野口 勲・関野幸生 著 A5判220頁1800円

「食」から見直す日本
佐々木輝雄 著 A4判104頁1429円

まだ知らされていない壊国TPP
日本農業新聞取材班 著 A5判224頁1400円

原発廃止で世代責任を果たす
篠原 孝 著 四六判320頁1600円

竹資源の植物誌
内村悦三 著 A5判244頁2000円

市民皆農～食と農のこれまで・これから～
山下惣一・中島 正 著 四六判280頁1600円

さようなら原発の決意
鎌田 慧 著 四六判304頁1400円

自然農の果物づくり
川口由一 監修 三井和夫 他著 A5判204頁1905円

農をつなぐ仕事
内田由紀子・竹村幸祐 著 A5判184頁1800円

共生と提携のコミュニティ農業へ
蔦谷栄一 著 四六判288頁1600円

福島の空の下で
佐藤幸子 著 四六判216頁1400円

農福連携による障がい者就農
近藤龍良 編著 A5判168頁1800円

農は輝ける
星 寛治・山下惣一 著 四六判208頁1400円

農産加工食品の繁盛指南
鳥巣研二 著 A5判240頁2000円

自然農の米づくり
川口由一 監修 大植久美・吉村優男 著 A5判220頁1905円

TPP いのちの瀬戸際
日本農業新聞取材班 著 A5判208頁1300円

大磯学―自然、歴史、文化との共生モデル
伊藤嘉一・小中陽太郎 他編 四六判144頁1200円

種から種へつなぐ
西川芳昭 編 A5判256頁1800円

農産物直売所は生き残れるか
二木季男 著 四六判272頁1600円

地域からの農業再興
蔦谷栄一 著 四六判344頁1600円

自然農にいのち宿りて
川口由一 著 A5判508頁3500円

快適エコ住まいの炭のある家
谷田貝光克 監修 炭焼三太郎 編著 A5判100頁1500円

植物と人間の絆
チャールズ・A・ルイス 著 吉長成恭 監訳 A5判220頁1800円

農本主義へのいざない
宇根 豊 著 四六判328頁1800円

文化昆虫学事始め
三橋 淳・小西正泰 編 四六判276頁1800円

地域からの六次産業化
室屋有宏 著 A5判236頁2200円

小農救国論
山下惣一 著 四六判224頁1500円

タケ・ササ総図典
内村悦三 著 A5判272頁2800円

昭和で失われたもの
伊藤嘉一 著 四六判176頁1400円

育てて楽しむ ウメ 栽培・利用加工
大坪孝之 著 A5判112頁1300円

育てて楽しむ 種採り事始め
福田 俊 著 A5判112頁1300円

育てて楽しむ ブドウ 栽培・利用加工
小林和司 著 A5判104頁1300円

パーマカルチャー事始め
臼井健二・臼井朋子 著 A5判152頁1600円

よく効く手づくり野草茶
境野米子 著 A5判136頁1300円

図解 よくわかる ブルーベリー栽培
玉田孝人・福田 俊 著 A5判168頁1800円